本书为江西服装学院学术著作出版基金资助项目

作者单位：江西服装学院

珠宝艺术与文化探索

马婷婷◎著

大连出版社
DALIAN PUBLISHING HOUSE

© 马婷婷 2024

图书在版编目（CIP）数据

珠宝艺术与文化探索 / 马婷婷著 . — 大连 : 大连
出版社 , 2024.6
ISBN 978-7-5505-2166-7

Ⅰ . ①珠… Ⅱ . ①马… Ⅲ . ①宝石－工艺美术－研究
—中国②宝石－文化研究－中国 Ⅳ . ① TS934.3

中国国家版本馆 CIP 数据核字（2024）第 106247 号

策划编辑： 王德杰
责任编辑： 王德杰　李玉芝
封面设计： 吉　祥
责任校对： 安晓雪
责任印制： 徐丽红

出版发行者： 大连出版社
　　　地址： 大连市西岗区东北路 161 号
　　　邮编： 116016
　　　电话： 0411-83620245/83620573
　　　传真： 0411-83610391
　　　网址： http://www.dlmpm.com
　　　邮箱： dlcbs@dlmpm.com
印　刷　者： 大连市东晟印刷有限公司

幅面尺寸： 170mm×240mm
印　张： 8.25
字　数： 130 千字
出版时间： 2024 年 6 月第 1 版
印刷时间： 2024 年 6 月第 1 次印刷
书　号： ISBN 978-7-5505-2166-7
定　价： 48.00 元

前　　言

　　珠宝艺术的魅力在于它的多样性和复杂性。不同时代的珠宝作品有不同时代鲜明的特征，反映了当时人的审美趣味、社会生产力发展水平和社会需求。不同文化中的珠宝作品有其独特的魅力，从古埃及法老的镶嵌宝石面具到中国的玉石，每种文化都有其独特的珠宝传统。这些珠宝传统体现在珠宝的设计、制作和用途等方面，它们共同展现了人类的创造力和对美的追求。通过深入研究这些珠宝传统，我们可以更好地理解不同文化中的历史观和价值观，以及珠宝艺术与文化是如何相互影响的。

　　珠宝是文化的传承者和表现者，它可以反映一个时代的繁荣和衰退、一个社会的等级状况、一个民族的传统和精神。珠宝被普遍认为是财富的象征，常常被用来展示佩戴者的财富；珠宝是社交活动中的重要装饰品，经常被用来显示佩戴者的社会地位；珠宝也是情感表达的工具，常用来传递爱情、友情和亲情。通过研究珠宝，我们可以窥见不同文化背景下的社会结构和社会关系，以及不同时期人们对美的不同追求。

　　本书将从多个角度探讨珠宝艺术与文化之间的关系。首先，深入探讨不同文化中的珠宝传统，包括珠宝的历史、设计特点和制作工艺。其次，考察珠宝在不同文化中的重要作用，以及它是如何反映不同文化的价值观、审美观和社会结构的。最后，探讨珠宝市场和收藏价值，以及它在当今社会中的地位和影响。

　　相信通过对珠宝艺术与文化的深入探讨，读者可以更好地理解世界各地文化的多样性，以及珠宝是如何成为文化传承的一部分的。无论您是珠宝爱好者、文化研究者还是普通读者，都希望本书能带给您新的视角和启发，让您更好地理解和欣赏珠宝这一种类丰富的艺术领域。

珠宝是一种古老而丰富的艺术形式，它承载着人类文化的精髓，值得我们深入探索和研究。

目　　录

第一章
珠宝概述

在当今社会，珠宝所扮演的角色已经发生了很大的变化，但它具有深厚文化底蕴和历史内涵的特点没有变。珠宝在现代社会中仍然发挥着重要作用，它既是文化和历史的传承者，又是财富的象征，同时也是艺术和时尚的一部分。珠宝的美丽和深度，使它成为一个令人着迷的领域，值得我们深入探索和研究。

第一节　珠宝的定义与历史

珠宝，作为一种具有极高审美价值的装饰物，自古以来一直深受人们的喜爱。然而，要深入理解珠宝，首先需要明确其定义和历史渊源。本节我们将深入探讨珠宝的定义，以及它在人类历史中的漫长发展历程。

一、珠宝的定义

珠宝是一种古老而又迷人的艺术形式，其定义不仅限于它的物质属性，还包括它所蕴含的更广泛的文化、历史和情感内涵。珠宝是一种独特的装饰品，通常所说的珠宝包括宝石和贵金属。宝石是自然界中的奇迹，如闪烁的钻石、深邃的蓝宝石、明亮的红宝石等，它们以其美丽和珍稀而备受珍藏。贵金属，如黄金、白金等，因其不易生锈的特性和卓越的延展性而被用于制作珠宝。这些物质的特性造就了珠宝独特的质感和光泽，使其光彩夺目，引人注意。

珠宝不仅是一种装饰品，还是文化和历史的传承者。在不同文化中，珠宝扮演了不同的角色。它可以是权力的象征，被国王和王后佩戴，以显示统治阶级的地位；它可以是宗教的标志物，被用于装饰教堂，以表达对神灵的崇敬；它还可以出现在某些重要社交场合，用以突显佩戴者的特殊地位和身份。珠宝也是情感的承载者，它表达爱情、友情、亲情，如订婚戒指是对爱情的承诺，亲友之间赠送珠宝礼物，传递着深情厚谊。每一件珠宝都承载着特殊的情感和回忆。

珠宝是美的体现，是杰出的艺术设计。它吸引人的眼球，激发人的审美情感。珠宝设计涵盖了珠宝的形状、色彩、材质和工艺等方面，每一件珠宝都是设计师的创意和灵感的结晶，他们精湛的工艺和卓越的设计使珠宝成为一种不朽的艺术形式。珠宝的美是多维的，它通过光的折射为人们呈现了极致的美。

综上所述，珠宝的定义涵盖了多个维度。它包括宝石和贵金属，是文化和历史的传承者，是美的体现，是一种艺术形式，也是情感的表达，具有象征意义。珠宝不仅是一种装饰品，更是一种融合了多重元素的艺术形式，它在不同文化和不同时期持续吸引着人们的热爱和探索，为我们提供了一个深刻了解人类情感和文明的窗口。

二、珠宝的历史

珠宝，作为一种古老而迷人的艺术形式，其历史可以追溯到古代文明时期。不同地域和不同时期的文化赋予了珠宝不同的意义和价值，它的发展历程也因此变得多姿多彩。

（一）古代文明时期的珠宝

1. 古埃及、古印度、古希腊、古罗马时期的珠宝

在古埃及，法老们常常将珠宝作为皇家宝藏的一部分，用以突显其权力和地位。古埃及的珠宝、宝石镶嵌技术以及象形文字都在古代文明中留下了深刻的痕迹。那时的珠宝不仅是装饰品，还具有宗教神秘的象征意义。古埃及人相信，宝石可以赐予他们力量，能够保护他们。

古印度也拥有丰富多彩的珠宝传统。在古印度，宝石常被用作装饰品，以表现佩戴者的财富和社会地位。古印度的珠宝常常与宗教仪式和传统庆典相联系，反映了印度文化的多样性和独特性。印度的宝石和金饰以其精湛的工艺和复杂的设计而闻名，成为珠宝历史上的璀璨明珠。

古希腊和古罗马时期是珠宝设计和珠宝工艺发展的黄金时代。人们在与自然的相处和较量中，时时遇到难关，日积月累，自然而然地对自然界产生了敬畏的心理。他们发现自然界动植物的某些特征是人所不具备的，比如植物的枝干、花朵、果实等的形状和颜色，鸟类的飞行能力、艳丽的羽毛，凶残猛兽的力量、皮毛和骨骼，以及矿物层内的各色石玉料，并由此对它们产生好奇和畏惧心理。他们将这些日常所见的事物视作崇拜对象，并赋予它们神秘的寓意，如人们对公牛、狮子、蛇、鹰等的崇拜。

古罗马的珠宝饰品同样丰富多彩，这反映了当时社会的经济发展状况。宝石镶嵌技术在古罗马得到了广泛的应用，古罗马人将宝石嵌入黄金和白银的饰品中。古罗马人常常将珠宝视为财富的象征，因此会在重要的社交场合佩戴珠宝作为装饰品。

2. 古代中国的珠宝

自古以来，中国一直拥有独特而悠久的珠宝传统，反映了中国人对美的追求和情感表达的独特方式。中国的珠宝历史可以追溯到新石器时代，当时人们开始使用玉石制作装饰品。古代中国人相信玉石具有超自然的力量，它可以保护人们免受邪恶的侵害，保佑人们健康、长寿和幸福，因此一直将玉石视为吉祥物和护身符。玉石在古代社会中非常重要，它不仅被用于制作装

饰品，还在宗教仪式和某些场合中扮演着重要的角色。中国的玉石雕刻技艺在古代就备受推崇。早在商朝和西周时期，人们就开始雕刻玉石，制作出精美的玉器，如玉璧和玉琮。这些玉器反映了古代中国人对自然和宇宙的崇拜，以及对吉祥物和护身符的推崇。玉石也是地位的象征，在宫廷文化中扮演了重要的角色。

黄金在中国的历史中也扮演了重要的角色。中国的黄金文化可以追溯到西周时期，那时，黄金装饰品常常被用来显示财富和社会地位。古代的王宫和寺庙也常使用黄金来制作装饰品，以表现其权力和神圣性。中国古代的黄金工艺品包括黄金饰品、金银器皿以及金银丝绣等，这些工艺品形成了独特的中国式珠宝风格。

中国古代也使用各种宝石来制作珠宝，如蓝宝石、红宝石、翡翠等。这些宝石不仅用于装饰，还在某些场合（如宗教、婚礼等仪式上）被赋予特殊意义。例如，翡翠被视为幸福和长寿的象征，经常被制作成各种珠宝和雕刻。

珠宝的地位和作用随着社会和文化变迁而发生变化。在古代中国，珠宝在宗教仪式和皇室仪式中扮演着重要的角色。在宫廷文化中，珠宝被用来彰显权力和地位，它承载了帝王的荣耀和威严。在宗教方面，珠宝常被用于寺庙仪式，体现了宗教的神圣性。总的来说，中国的珠宝历史丰富多彩，反映了不同历史时期的文化、宗教和社会变迁。古代中国的玉石文化、黄金文化和宝石文化共同构成了中国独特而多元的珠宝传统。这一传统不仅反映了中国人对美的追求，还承载了文化和情感的内涵，为世界提供了一个深入了解中国文化的视窗。

（二）近现代时期的珠宝

珠宝在近现代社会中依然扮演着重要的角色，它不仅用来表达爱情、亲情、友情，还是某些特殊时刻的纪念品，如婚礼、周年纪念日和生日。珠宝也是文化遗产的一部分，承载着历史、传统和家族价值观。同时，人们也将购买珠宝视为一种投资方式，将珠宝视为一种财富和资产保存下来。

近现代时期，珠宝行业经历了深刻的变革和创新，不仅体现在设计风格的演进上，还包括制作技术的提高和市场的蓬勃发展。这个时期，珠宝从传统的贵族装饰品转变为现代的时尚艺术品。随着近现代科技的不断发展，珠宝制作技术取得了巨大的进步：黄金和贵金属的提纯技术变得更为精进，宝石的切割和镶嵌技术变得更加精湛。这些技术的提升使得珠宝制作更加精细，宝石的闪耀效果更为出色，整体质量更高。此外，新型的制作材料和工艺也逐渐出现，如白金、钛合金等，这为珠宝设计师提供了更大的创作空间。

近现代时期，珠宝设计风格发生了根本性的变化。传统的珠宝设计强调华丽的外表和精巧的工艺，现代的珠宝设计更注重独特性和个性化。新艺术运动的兴起影响了珠宝设计风格，早期的珠宝设计风格强调曲线和有机形状，而现代主义强调简约和几何形状。风格的变化反映了社会和文化的演进，以及设计师对不同审美观点的探索。近现代时期，经济全球化和国际贸易的发展促进了珠宝市场的国际化。各种珍稀宝石和贵金属可以从世界各地采购，珠宝制作工艺也在不同国家之间传播，从而使得珠宝市场的多样性和激烈竞争，不同国家的珠宝设计师和不同的珠宝品牌都参与到这一市场中，使消费者拥有了更多的选择。

近现代社会对环境保护和社会责任的重视也对珠宝行业产生了深远的影响。宝石开采和珠宝制作过程中对环境造成的影响引起了人们的广泛关注，珠宝行业开始采取可持续发展的做法，例如使用可再生材料、改善劳工条件以及支持某些社会项目等。这一趋势反映了人们价值观的转变，消费者对珠宝的制作过程提出了更高的要求。

随着科技的不断进步，三维打印技术和虚拟现实技术正被引入珠宝制作过程中。这些技术使得珠宝设计师的创作能够更加灵活，也为个人定制珠宝提供了更多的选择。未来，珠宝行业还将继续探索新材料和制作技术，以满足不断变化的市场需求。同时，可持续发展和社会责任也将继续成为珠宝行业的关键议题，消费者对珠宝的环保标准将提出更高的要求。

近现代时期的珠宝行业经历了显著的变革和发展，从传统的制作技艺到现代的多样化设计风格，从国际市场的竞争到基于环保和社会责任的考虑，这个领域一直在不断演进。无论是珠宝的设计、制作还是消费，都在不断塑造着这一古老而又充满活力的艺术形式的未来。作为一种文化传承和审美表达的象征，珠宝将继续吸引着人们的关注，成为珍贵的财富和情感纽带。

总之，珠宝的历史是丰富多彩的，不同文化和不同时期赋予了它不同的意义和价值。从古埃及的权力象征到古印度的宗教庆典，从古希腊的美的表现到古代中国的玉石文化，珠宝一直扮演着文化、历史和情感传承的角色。这种历史悠久的艺术形式继续吸引着人们的目光，成为文化传承和审美追求的象征。珠宝的历史横跨数千年，见证了不同文化和时代的演变，为我们提供了深刻了解人类文明演变的机会。

第二节　珠宝在不同文化中的重要性

珠宝在不同文化中扮演着不同的角色，反映了其所处文化背景下的价值观和审美观。这一节我们将深入探讨珠宝在不同文化中的重要性，了解它是如何成为所处文化的一部分，并影响社会生活的。

一、中国的珠宝文化

中国的珠宝文化源远流长，其历史可以追溯到几千年前。在中国，珠宝不仅是一种装饰品，更是一种独特的艺术形式，它承载了丰富的文化内涵、宗教信仰和社会意义。

珠宝一直是人们社会生活中的重要元素，在古代中国，它不仅用来装饰，还在宗教仪式、宫廷礼仪和礼物交换上发挥着重要的作用。

中国的珠宝原材料多样，除了玉石外，黄金、白银等贵重金属以及珍珠、红宝石、蓝宝石等宝石也常被用来制作珠宝作品。此外，中国的珠宝制作工艺也很考究，中国的珠宝工匠擅长雕刻、镶嵌、珠宝拓印和丝绢编织等多种工艺，这些工艺技术经过几千年的传承和发展，到现在已经达到了非常高的水平。每种工艺都有其独特的特点，如镶嵌工艺中的镶嵌玉器、雕刻工艺中的玉雕、拓印工艺中的宝石拓等，都体现了中国珠宝的多样性。中国的珠宝具有丰富的象征意义，反映了中国文化的价值观和传统。

现在，中国的珠宝市场发展迅猛，中国已经成为全球最大的珠宝市场之一。中国的消费者对珠宝的需求不断增长，从高端定制市场到大众消费市场，中国的珠宝产业呈现多元化发展趋势。同时，中国的珠宝品牌在国际市场上也逐渐崭露头角。中国的珠宝设计师将中国文化元素融入珠宝作品中，创造出独具中国特色的珠宝。这种文化传承与创新，使中国的珠宝文化保持了活力，同时吸引了国内外消费者的关注和欣赏。

综上，中国的珠宝文化是丰富多彩的，它承载了悠久的历史和深刻的文化内涵，反映了中国的文化精髓。从材料、工艺、象征意义到市场发展，中国的珠宝产业一直在不断演化和繁荣，如今已经成为国际珠宝市场上一股重要的力量。

二、古希腊和古罗马文明中的珠宝传统

古希腊和古罗马文明是西方文化的两大瑰宝，它们的珠宝传统在不同历史时期和不同地域都有着独特的特点。

古希腊文明可以追溯到公元前 8 世纪，它在文学、哲学、艺术和珠宝制作等方面都取得了伟大的成就。在古希腊，黄金和宝石被广泛用于制作各种珠宝作品，如戒指、项链、耳环和头饰。这些珠宝作品大多采用几何图案和抽象的设计，强调对称和比例。古希腊人注重美的概念，他们认为，珠宝的美丽应该是简约而精致的，这反映了他们的审美趣味。

在古希腊，宝石是最常用的珠宝材料之一，如蓝宝石、翡翠、红宝石等通常被精心镶嵌在黄金制品上，以增强其美感和质感。古希腊人也喜欢使用琥珀、珍珠和玛瑙等宝石，这些材料具有独特的颜色和质地，增加了珠宝作品的多样性。

古罗马文明受古希腊文明的影响很大，古罗马的珠宝作品通常采用古希腊的设计风格，但也有自己的特点。古罗马人喜欢使用象牙和琥珀来制作首饰，这些材料在古罗马珠宝中占有重要地位。在古罗马，徽章戒指是一种常见的珠宝形式。这些徽章戒指通常由黄金制成，上面雕刻着各种图案，如军旗、鹰、士兵等。徽章戒指象征着权力和财富，也被作为奖赏和礼物。古罗马人还模仿古罗马硬币制作出了金币形首饰，这类首饰通常用来庆祝重大事件和重大胜利。

古希腊和古罗马的珠宝作品具有象征意义。古希腊人认为珠宝具有神圣的力量，因此常常在婚礼和宗教仪式上佩戴珠宝。古罗马人则将珠宝视为权力和地位的象征，因此通常在公共场合佩戴珠宝，以显示佩戴者的社会地位。

综上，古希腊和古罗马文明中的珠宝传统都具有丰富的历史和文化背景。这些珠宝作品反映了古希腊和古罗马人的审美趣味、价值观和当时的社会结构。古希腊的几何设计和美学观念，以及古罗马的徽章戒指和金币形首饰，构成了西方文化中珠宝传统的一部分。通过了解这些传统，我们能更好地欣赏和理解古希腊和古罗马文明的独特之处。

三、古代西方文化中的珠宝传统

在古代西方文化中，珠宝一直与权力和财富紧密相连。珠宝作为一种奢华的装饰品，常常被用来展示统治者、贵族和富人的社会地位。

在古代西方社会中，统治者和贵族通常佩戴华丽的镶嵌宝石的冠冕、宫廷珠宝和皇室珠宝，以显示其统治地位和社会地位。这些珠宝作品常常包括贵重的宝石，如钻石、红宝石、蓝宝石和翡翠，以及贵金属，如黄金和白银等。这些宝石和贵金属反映了统治者的财富和奢侈的生活方式，同时也象征着他们的权力和社会地位。

宫廷珠宝和皇室珠宝一直是古代西方社会统治阶级的传家之宝。这些珠宝作品通常由顶尖的珠宝工匠使用最稀有、最珍贵的宝石和贵金属制作而成。宫廷珠宝包括皇室的冠冕、权杖、项链和戒指，它们在加冕典礼、宫廷仪式和国家庆典中发挥着重要的作用。这些珠宝作品不仅在材质上具有极高的价值，还承载了国家的历史，象征着权力的传承。

在古代西方文化中，珠宝一直被用来显示个体和家族的权力和财富。中世纪欧洲的贵族家庭拥有大量的宫廷珠宝，这些珠宝代表着家族的财富和社会地位。文艺复兴时期的皇帝或国王也对宝石和黄金情有独钟，他们委托艺术家制作了许多珍贵的珠宝作品。

综上，在古代西方文化中，珠宝不仅是装饰品，还是权力和财富的象征，统治者、贵族和富人经常佩戴珠宝来显示其社会地位。通过了解这些象征意义，我们可以更好地理解珠宝在古代西方文化中的重要性，以及它是如何成为权力和财富的象征的。

四、其他文化中珠宝的重要性

世界各地的不同文化孕育了独特而多样的珠宝传统。这些传统反映了各地的历史和文化价值观，同时也为每种文化贡献了独特的审美风格。

中东地区一直以华丽和奢华的珠宝闻名。黄金、白银和各种宝石在中东文化中具有特殊的地位。这些珠宝作品通常采用精湛的镶嵌工艺制作而成，宝石（如钻石、红宝石、蓝宝石和翡翠等）经常被用来装饰首饰。在中东文化中，珠宝不仅是装饰品，还是财富和社会地位的象征，经常被用来传承家族财富和展示社会地位。在婚礼等特殊场合中，中东人也喜欢佩戴珠宝，以突显其社会地位。中东的珠宝文化通常融合了宗教和传统元素，反映了当地的宗教信仰和历史传统。

非洲各个部落拥有丰富多彩的珠宝传统，这里的珠宝通常采用天然材料制作而成，象牙、骨头、木头、玉石和贝壳等材料被广泛用于珠宝制作，反映了非洲文化的自然观和环境价值观。非洲各部落的首领和贵族通常佩戴最华丽的珠宝，以显示其统治地位。同时，珠宝还在各种仪式中扮演着重要的角色，如婚礼、丧礼和宗教仪式。非洲的许多珠宝作品还融合了图腾、宗教符号和神话故事，反映了部落文化的深厚传统。

在南美洲文化中，宝石和羽毛被广泛用于珠宝制作。这些材料常常用来装饰首饰、服饰和面具，反映了南美洲文化的多样性和生动性。印加文明是南美洲文明的一个杰出代表，印加人善于用黄金和宝石制作珠宝，如耳环、戒指和胸针。此外，羽毛也是南美洲珠宝的独特元素，它被用来装饰首饰和服饰，如印第安部落的羽毛冠和颈饰。

世界各地的文化孕育了丰富多彩的珠宝传统，这些传统反映了当地的历史和文化价值观。中东地区的珠宝奢侈而华丽，反映了财富和社会地位；非洲部落的珠宝承载了社会地位和宗教意义；南美洲的珠宝融合了宝石和羽毛等元素，反映了丰富多彩的文化传统。通过了解这些珠宝传统，我们可以更好地欣赏不同文化的独特之处，以及珠宝在世界各地的重要性。

综上，珠宝在不同文化中扮演着各种重要角色，反映了各种社会和文化背景下的价值观、宗教信仰和审美观。它不仅仅是一种装饰品，更是文化的一部分，传承了人类文明的精髓。

第三节　珠宝在当今社会中的地位

在当今社会，珠宝仍然扮演着重要的角色，它不仅是装饰品，还在各个领域发挥着影响力。这一节我们将深入探讨珠宝在当今社会中的地位，并探究其对经济、文化和社会等方面的影响。

一、经济价值

珠宝作为一种有形的财产，具有显著的经济价值。贵重的宝石和稀有的金属一直以来都是投资的对象。珠宝拥有独特的吸引力，因为它不仅具有美丽的外观，还有价值增长潜力。许多人选择购买珠宝作为长期投资，希望其价值随着时间的推移而增长。在过去几十年里，许多宝石（如钻石、红宝石和蓝宝石等）的价格都在稳步地增长，吸引了投资者的关注。

珠宝还可以是一种特殊的通货。在历史上，人们常常将宝石和黄金作为货币的替代品储备起来，以便在经济不稳定或货币贬值时保值。即使在现代社会，一些人仍然将黄金和宝石作为紧急储备，以便应对货币危机或经济崩溃等特殊状况。这种将珠宝作为通货来储备的做法突显了珠宝价值的稳定性，尤其是在金融市场波动时。

珠宝也在金融市场中扮演着重要角色。一些投资者将珠宝作为金融资产的一部分，以分散投资风险。珠宝的价格常常受到供需状况和稀缺性的影响，因此其价格波动可能会对金融市场产生一定的影响。珠宝市场也吸引了投资者和交易者，他们可以通过珠宝交易来获取利润。

珠宝业不仅为投资者提供了机会，也为众多从事宝石开采、加工、销售和鉴定的从业者提供了就业机会。全球珠宝业涵盖了多个领域，包括宝石开采、宝石切割以及首饰制作、销售和鉴定。这一产业链为许多人提供了就业机会，如矿工、切割师、珠宝设计师、珠宝销售员以及珠宝鉴定师。珠宝业的发展也为相关产业（如旅游业和零售业）提供了商机，促进了经济的增长。

总而言之，珠宝具有显著的经济价值，既是一种投资工具，也是一种特殊的通货。同时，它也对相关领域的发展产生了深远的影响，创造了就业机会和经济收益。珠宝不仅是一种美丽的装饰品，还是复杂经济系统的一部分，影响着国际金融市场和社会发展。从经济角度来探讨珠宝有助于我们更全面地理解和欣赏珠宝在当今社会中的多重价值。

二、文化传承

珠宝在当今社会中仍然承担着文化传承的重要使命，不同文化中的珠宝传统保持着其独特的特点。这些传统不仅体现在珠宝的设计和制作中，也体现在某些社会仪式和庆典中。

中国的玉石文化有着悠久的历史。在中国传统文化中，玉石被称为"石中之王"。不同的玉石种类也具有不同的寓意，如和田玉在中国传统文化中被视为吉祥物，象征着幸福和长寿。玉石在婚礼和庆典中起着重要作用，新人通常会佩戴玉石首饰以祈求幸福和美满的婚姻。此外，玉石还在某些仪式中扮演着重要角色，被用于祭祀和祈福。

在西方文化中，宫廷珠宝是权力、财富和地位的象征。这些宫廷珠宝包括皇冠、项链、戒指和镶嵌宝石的服饰等。宫廷珠宝在宫廷仪式、庆典和公共场合中发挥着重要作用，同时也是文化传承的一部分。珠宝在庆典等各种仪式中也是不可或缺的元素。在婚礼上，新娘通常会佩戴特别的婚戒和其他首饰，这些珠宝代表了她对爱情的承诺和对美好生活的向往。在某些宗教仪式上，珠宝也扮演着重要的角色。

珠宝不仅是历史的见证，还承载了特定文化中的价值观和审美观。通过珠宝的传承，人们可以更好地理解不同文化的历史和传统，以及它们是如何塑造和影响整个社会和每个个体的。因此，文化传承的重要性超出了珠宝本身，珠宝代表着人类文明的连续性和多样性。

三、社会地位与身份的象征

在当今社会，珠宝在很大程度上仍然被很多人视为社会地位和身份的象征。贵重和精美的宝石首饰不仅反映了个人的财富状况，也揭示了佩戴者的社会地位和审美品位。历史上，统治者和贵族常常佩戴镶嵌宝石的皇冠、王冠或冠冕，以显示其统治地位和权力。即使在今天，某些国家的君主在一些特殊场合仍然会佩戴具有历史意义的皇冠。

在时尚界和娱乐界，名人出席红毯活动时常常佩戴珠宝首饰，包括耳环、项链、戒指和手镯等，这些首饰通常由贵重宝石和珍贵金属制成，不仅增添了名人的魅力和吸引力，还在一定程度上反映了他们的社会地位和所取得的成就。名人选择佩戴什么样的珠宝常常会成为媒体和时尚评论家关注的焦点，也会引发公众的关注和讨论。

在社交活动和特殊场合上，珠宝也是突显自己审美品位和个性特征的工具。许多人选择在重要的社交活动、庆祝活动和盛大的仪式上佩戴珠宝，以展示自己的审美品位。在婚礼、宴会和庆典上，珠宝常常是重要的装饰元素。珠宝也是一种个性化的装饰，人们可以根据自己的品位和风格来选择不同的首饰。比如，有些人喜欢鲜艳的宝石和大胆的设计，以展示自己的个性和自信；有些人喜欢经典和朴素的风格，强调他们的保守和典雅。

珠宝在社交活动和情感表达中扮演着重要的角色。它不仅是一种装饰品，还是一种情感表达的工具，用于强调爱情、亲情、友情的重要性。订婚戒指和结婚戒指代表了爱情和承诺。订婚戒指通常由钻石或其他宝石制成，当一个人戴上订婚戒指时，意味着他／她愿意与伴侣走向婚姻。交换结婚戒指是婚礼仪式的一部分，代表了对婚姻的承诺和持久的爱情。交换结婚戒指时通常还伴随着浪漫的仪式和感人的誓言，以强调爱情的深度和坚固性。珠宝不仅在爱情中扮演重要角色，还在亲情和友情中扮演重要角色，是亲情和友情的纽带。友情手链和家族传承下来的首饰都是友情和亲情的纽带。友情手链通常由一群朋友一起佩戴，代表了友情的深度和牢固；家族传承下来的首饰代表了家庭成员之间的亲情和家族传统。

人们常常在某些特殊场合佩戴珠宝，如生日、纪念日、取得重大成就或某些庆祝活动，以强调这些时刻的重要性。例如，一对夫妇可能会在结婚纪念日时交换珠宝礼物，以纪念他们的婚姻；母亲可能会收到孩子送来的珠宝项链，以庆祝母亲节。珠宝成为庆祝和纪念的一种方式，用于标志生活中的特殊时刻。

四、在其他方面的地位

(一)考古及历史研究方面

古代珠宝是一种宝贵的资料,它能为考古学家和历史学家提供重要的信息,帮助我们还原古代社会的生活方式,了解古代人类的审美趣味和那个时代的文化特征。古代珠宝能够展示不同时期、不同地域的珠宝制作技术、金属冶炼技术、宝石加工技术和首饰设计工艺等。例如,古埃及的金属工艺、古希腊的金银雕刻工艺和古罗马的珠宝饰品制作工艺都反映了各自所处时代的工艺水平和技术成就。考古学家通过分析古代珠宝,可以了解相关的历史。

古代珠宝也反映了古代社会的文化特征。首饰的设计、装饰和图案通常受到当时社会价值观和宗教信仰的影响。通过分析古代珠宝,历史学家可以了解古代人类的审美趣味、宗教信仰等相关信息。例如,古埃及的珠宝上常常会雕刻具有宗教意义的图案,这反映了古埃及的宗教信仰和社会结构。古代珠宝也为古代贸易发展和文化交流提供了支持。宝石和贵金属往往需要从遥远的地方获取,这促进了古代贸易的发展。通过分析珠宝中使用的材料和珠宝设计工艺,历史学家可以追踪古代贸易路线,了解不同文化之间的联系和交流情况。例如,古代丝绸之路就促进了东西方文化和技术的交流,这种交流在古代珠宝上也有所反映。

古代珠宝还可以帮助我们了解人类审美趣味的演变过程。不同历史时期的珠宝设计反映了不同时期人类的审美观和时尚趋势。通过研究古代珠宝的发展历程,历史学家可以追踪不同文化中艺术和设计的变化情况。例如,古希腊的珠宝通常强调几何图案和对称性,而古罗马的珠宝则更注重复杂的装饰和宝石镶嵌。古代珠宝还常常与历史事件和重要历史人物有关,通过研究珠宝的来历和历史背景,历史学家可以还原历史事件,如统治者的加冕仪式、宫廷庆典和重要战役等。珠宝也可能包含纪念意义,为人们提供了关于古代社会和文化的关键信息。

（二）技术和工艺传承方面

珠宝制作是一门融合艺术和工艺的高度精细工作，需要高超的技术和工艺水平。宝石切割、金属铸造、镶嵌工艺等都是珠宝制作的重要环节，珠宝在传承这些技术和工艺方面发挥了非常重要的作用。

宝石切割是珠宝制作的关键环节，它决定了宝石的形状、切面和闪光效果，因此需要切割师精通宝石的特性和光学原理，并有高超的技术和极为丰富的经验。宝石切割的工艺已经有数百年的历史，许多宝石切割师将其技艺代代相传，从而使现在的人们能够欣赏到美丽的宝石。

金属铸造是制作珠宝的另一项关键技术。不同金属合金的熔化和铸造过程需要精确控制，以确保成品的质量和均匀性。不同地区和文化中的金属工匠将技艺世代相传，从而使得金属铸造能够满足不断演变的设计需求。

镶嵌是将宝石镶嵌到金属底座上的一道工艺，这需要精湛的技术和艺术眼光。镶嵌师必须精确测量和雕刻金属，以确保宝石能够安全、美观地嵌入到金属底座上。镶嵌工艺在不同文化和地区中有各自的独特风格和技术，它们大都得以传承下来，为制作精美的珠宝提供了基础。

尽管现代珠宝制造商和珠宝制作工匠借助先进的技术，如计算机辅助设计（CAD）和三维打印，大大提高了珠宝生产效率和精确度。然而，传统技艺在珠宝制作中仍然占据重要地位，它是保持珠宝制作独特性和高品质不可或缺的部分。传统技术和工艺的传承不仅有助于保证珠宝的高品质，还有助于保护文化传统。

技术和工艺传承在珠宝制作中具有极大的价值和意义。宝石切割、金属铸造和镶嵌工艺都需要高超的技术和丰富的经验，这些技术的传承使得珠宝制作能够保持较高水准。同时，技术和工艺传承也有助于保护文化传统，确保传统技艺得以延续，为珠宝业提供了持续的独特性。珠宝作为一门综合性的艺术和产业，对历史、技术等多个领域产生影响，这些影响使得珠宝成为一个复杂而多样的领域，值得人们深入研究和探讨。

总而言之，珠宝在当今社会中具有重要的经济、文化、历史和社会价值。它不仅是一种装饰品，更是一种文化传承，是社会地位的象征，是情感表达的工具。无论是在经济市场上，还是在个人生活中，珠宝都扮演着重要的角色，为我们的世界增添了美丽。

第二章
珠宝的起源与发展

古代文明中的珠宝是人类审美和技艺的杰出体现。本章我们将深入挖掘古代文明中的珠宝制作、宝石的采集与加工、珠宝在各种仪式中扮演的角色以及世界各地著名的古代珠宝文化。这些方面共同勾勒出古代珠宝在人类历史中的丰富面貌，为读者呈现了古老文明中的珠宝艺术之美。

第一节　古代文明中的珠宝制作

珠宝首饰的起源可以追溯到远古时期，当时人类逐渐表现出对大自然的探索和对美的追求。这一节我们将深入探讨珠宝的起源、发展和演变过程，以及其在不同历史时期的文化意义。

一、起源于远古时期的原始装饰

珠宝首饰起源的因素是多方面的，总体来说，有如下几个方面：原始巫术、避邪、审美因素、情感需要、习俗等，当然，这些因素可能是交错出现的^①。在远古时期，人类在与大自然的直接互动中发现了自然界中有许多美丽的物质，如兽骨、兽齿、贝壳、鸟类的羽毛等，这些材料因其美丽和独特性而引起了人类的兴趣，也引发了人类对自然界的崇拜和敬畏。同时，人类也在与自然界的斗争中感受到了强烈的恐惧和不安。这种心理冲突促使人类试图寻求一种方式来与大自然和神秘力量建立联系，这便是珠宝首饰的萌芽。

最早的装饰物通常由天然材料制作而成，如兽骨项链、兽齿手镯和贝壳耳环。这些原始装饰物的形态和样式反映了当时人类的装饰意识，是人类对美的感知和审美趣味的初步探索。人类在大自然中发现了美的元素，如光泽、颜色和形状，因此开始尝试将这些元素应用到装饰物中。兽骨、兽齿和贝壳等材料本身就具有美的特质，它们的自然纹理和颜色使它们成为理想的装饰材料。人类开始使用这些材料来装点自己，突显自己的美丽和个性。这也反映了人类对自身形象的关注和对美的不断追求。

这些原始装饰物不仅具有实际的功能，还承载了文化、信仰和社会价值的象征意义。在原始社会，人类对大自然的力量充满了敬畏。他们相信自然界中存在着神秘的力量，这些力量可以给人类带来好运，庇佑和保护人类。因此，人类将装饰物视为一种与神秘力量建立联系的方式。兽骨、兽齿、贝壳和羽毛等材料被认为具有特殊的神圣性，能够吸引好运和祝福，通过佩戴这些饰物，人类试图获得神秘力量的庇佑，保护自己免受自然界的威胁和潜在的危险。这种与大自然和神秘力量的联系不仅体现在装饰物本身，还体现在装饰物的形状和图案上，如骨头和牙齿的形状、贝壳的图案等。

综上，远古时期的装饰物是珠宝首饰的起源。最早的珠宝由天然材料制成，反映了人类对大自然的敬畏和对神秘力量的信仰。同时，这些装饰物也是人类对美的感知和审美趣味的初步探索，是人类文明发展的重要一环。

---

① 高芯蕊.中西方首饰文化之对比研究［D］.北京：中国地质大学，2006.

二、旧石器时代的珠宝

随着人类文明的逐步发展，特别是进入旧石器时代，珠宝首饰进一步多样化和精致化。这一时期的珠宝展现出选用材质更丰富、制作工艺更复杂和更具装饰性的特点，反映了人类审美趣味的不断提升。进入旧石器时代，人类开始广泛使用不同材质制作首饰，除了兽骨、兽齿、贝壳和蛋壳外，石器也成为主要的材质之一。石器可以被打制成各种形状，使首饰具有更多的创意性和装饰性。这一时期的首饰材料还包括木头、动植物纤维等。

1930年，中国学者在北京周口店龙骨山顶部发现了一处旧石器时代晚期人类的洞穴遗址，这处遗址中不仅有代表八个不同个体的人骨化石，还有许多穿孔的饰物。这些穿孔饰物可以看成是中国发现的最原始的"首饰"，并且这些"首饰"上有用赤铁矿染成的红色。这些饰物有一个十分显著的特点：光滑、规则、小巧、美观。饰物的材料、形式、组合方式也有一些特点，如饰物的用料硬度低，对原材料进行简单的加工，将相同形状的饰物组合在一起。虽然这些饰物仅仅是原始人对自然物的简单加工，但其选材、打制、复合使用等，都表明人类已经开始对自然界中的一些特殊物质有了重视，并用它们来装扮自己，在一定程度上可以说，这些饰物是人类对首饰认识和使用上的起源[①]。

在旧石器时代，人们开始对首饰进行更加精细的加工。首饰上出现了小孔，使它们可以被穿在绳子或线上，从而更容易佩戴。这一进步不仅提高了首饰的实用性，还增加了首饰的装饰效果。此外，在首饰上涂抹颜料，增加了视觉吸引力，使其更加夺目。旧石器时代，社会分工逐渐出现，因此出现了专门制作首饰的工匠，他们将自己的技能和经验应用于首饰制作中，从而使首饰的制作变得更加专业和精湛，工匠们可以制作出更为复杂、更为精致的首饰。

旧石器时代的首饰不仅满足了功能性需求，还满足了人们的审美需求。

---

① 高芯蕊.中西方首饰文化之对比研究［D］.北京：中国地质大学，2006.

人们开始注重首饰的外观和装饰效果，将其视为一种表达自己审美情感的方式。这一时期的首饰反映了人类审美趣味的提升，以及对装饰的深刻理解。总而言之，进入旧石器时代，珠宝首饰在材质、制作工艺等方面都有了很大的进步。这一时期的首饰不仅是装饰品，更是文化的一部分，反映了人类审美情感的不断提升和对美的不断追求，为珠宝文化的发展奠定了基础，是人类文明演进的重要组成部分。

三、新石器时代的珠宝

进入新石器时代，人类社会进入了一个全新的阶段，在生产、生活、文化和审美等各个方面都积累了非常丰富的经验和知识，这也给珠宝首饰领域带来更丰富多彩的变化。在新石器时代，人们开始广泛探索用不同的材料制作首饰。除了早期使用的兽骨、兽齿、贝壳、鸟类的羽毛、石器外，人们引入了更多材料，如陶等。多样的材料赋予了首饰更多的可能性，使其形态和风格变得更加丰富多彩。

随着时间的推移，人们对首饰的制作工艺也有了更高的要求。新石器时代，工匠们积累了丰富的经验和技能，能够进行更复杂和更精细的加工。他们掌握了陶制作等技术，这使得首饰的制作水平得到了显著提高。这一时期，首饰不再局限于简单的项链或手镯，而是呈现出了更多样化的形式和风格，如戒指、耳环、胸针、发饰等，每一种首饰都有其独特的设计和功能。在这一时期，不同地区的文化也形成了那个地区独特的珠宝传统。在亚洲，玉石文化成为一种重要的传统，人们制作各种各样的玉饰品，代表着对自然界的崇拜。新石器时代的珠宝不仅是装饰品，还承载了丰富的文化价值，被应用于宗教仪式、社交场合等。同时，不同形式和风格的首饰也反映了当时社会的审美趣味和文化价值观。

综上，新石器时代的珠宝材料更加多样，制作工艺有了很大的提升，形式和风格也逐渐多样化，还体现出了地域差异。这一时期的珠宝不仅丰富了人们的装饰品选项，还成为文化遗产和历史见证，传承至今。它们反映了不

同地区的社会文化、审美趣味和价值观，为珠宝文化的持续演进和繁荣奠定
了基础。

四、珠宝的文化意义与审美演变

珠宝的起源和发展是人类文明进步和审美意识演变的一面镜子。它们不
仅仅是饰物，更传达了文化、宗教、社会等方面的信息，反映了不同时期的
价值观和审美趣味。珠宝在不同历史时期和不同文化中扮演着重要的角色。
它们可以是宗教信仰，传达人们对神灵的崇拜和信仰；它们也可以在某些仪
式上扮演着重要角色，如婚礼戒指，代表着爱情和承诺。此外，不同文化中
的珠宝可能具有特定的象征意义。

珠宝的设计风格在不同历史时期和不同文化环境中发生了明显的变化。
从远古时代的原始图腾到古代文明的宗教符号和象征，再到现代的时尚趋势
和个性化设计，珠宝一直在适应和反映着人们的审美趣味。每个历史时期的
珠宝都反映了当时社会的审美观念和审美趣味。珠宝不仅是美的体现，还是
一种信息传递方式，它们可以传递社会地位、身份和成就等信息，如统治者
或贵族戴的镶嵌宝石的冠冕。在不同历史时期，珠宝还承载着当时的文化信
息，如文艺复兴时期的主题珠宝以及维多利亚时代的哀悼首饰。

珠宝的文化意义也体现在其持久的价值中。不同历史时期的珠宝仍然保
持其文化价值和历史意义，成为文化遗产和历史见证。这些珠宝作为宝贵的
文化和历史资料，为后人了解和研究当时社会的文化和审美提供了重要的
线索。

综上，珠宝的起源可以追溯到远古时期，它反映了人类对美的探索和对
大自然的敬畏。随着文明的发展，珠宝的材料、制作工艺和所承载的文化意
义也在不断演变和丰富。珠宝首饰是文化遗产和审美情感的载体，同时也代
表人类对美的不懈追求。

第二节 宝石的采集与加工

宝石的采集与加工是珠宝制作的关键环节，这是一门高度专业化的技术和工艺。这一节将深入探讨宝石采集与加工的历史，以及宝石采集与加工技术在不同文化中的演化。

一、宝石的采集

在古代，宝石的采集通常是一项艰巨而具有挑战性的任务，古人通过观察地质特征和矿床位置来努力寻找宝石的踪迹。

（一）观察地质特征

古人很早就认识到宝石与地质特征有关。首先，岩石的颜色是识别宝石类型的重要指标之一，不同类型的宝石常常与特定颜色的岩石有关。例如，蓝宝石通常与含铝的岩石有关，因为这些岩石中的铝元素使得宝石的颜色呈蓝色；红宝石通常与含铬的岩石有关，因为岩石中的铬元素赋予了宝石红色。古人通过观察岩石的颜色来判断岩石中可能蕴藏的宝石类型。如果他们发现一块岩石呈现出与某种宝石相似的颜色，就会对该地区进行更深入的勘察。

其次，宝石与岩石的质地和形态有关。古人会仔细观察岩石的质地，以判断其中是否蕴藏宝石。一些宝石常常以晶状或粒状的形式嵌在岩石中，这种质地差异是岩石中是否蕴藏宝石的指标之一。此外，岩石的形态也可以提供是否蕴藏宝石的线索。古代人们通过观察岩石的外部形态，如矿脉、裂缝和结构，来判断是否可能存在宝石矿床。宝石产地通常与特定类型的矿物有关。

最后，地理位置也是推测是否蕴藏宝石的关键因素之一。不同地区的地质构造和矿床分布有所不同，古代人们通过地理位置来确定宝石的可能产地。一些地区以其特定类型的宝石而闻名，古代人们会在这些地区寻找宝石矿床。随着时间的推移，古代人们积累了更多的地质学知识，他们了解到不同类型的岩石、矿石和地质特征与特定宝石有关。这使得采矿者和珠宝商能够更准确地推测宝石的产地，更有效地寻找宝石矿床，并获取珍贵的原石。

（二）采矿工具及技术

采矿是一门复杂而精细的技术，需要用到各种工具，如矿锄、镐、锤子、凿子和篮子等工具。矿锄是古代采矿中不可或缺的工具之一，它通常由坚固的木柄和锋利的金属头组成。采矿者使用矿锄挖掘土壤和岩石，以暴露潜在的宝石矿床。矿锄的选择和使用需要经验和技巧，以确保高效而准确地采矿。镐是另一种常见的采矿工具，其由坚固的柄和尖锐的金属头组成。镐的尖头用于开凿岩石。在矿床中，采矿者使用镐小心翼翼地敲击，以防止宝石受到损害。锤子和凿子在采矿中常配套使用，采矿者使用锤子和凿子，精确地在岩石中制造裂缝，以便更轻松地分离宝石和矿石。篮子在采矿中有着独特的作用。一旦宝石从矿石中被分离出来，采矿者需要将其小心地放入篮子中，以避免其直接接触地面或其他硬物而造成破损。篮子的选择和使用同样需要谨慎，以确保宝石得到妥善保护。在整个采矿过程中，小心翼翼地将宝石从矿石中分离出来是至关重要的。采矿者需要结合工具的使用和手工技巧，以确保宝石在分离过程中不受到任何伤害。例如，在裂缝周围施加轻微的压力，或使用特殊设计的工具进行精细的操作。在古代，采矿者的经验和技术对成功地分离宝石至关重要。他们通过长期的实践和观察，积累了有关宝石和矿石的丰富知识和开采经验，这些经验使得他们能够更加敏锐地判断何时使用何种工具，以及如何最大限度地保护宝石的完整性。

（三）水力和人力

宝石矿床的多样性要求采矿者采用不同的技术来开采，其中水力和人力成为解决特定挑战的关键手段。对于位于水下的宝石矿床，古代采矿者通过引入水力技术，巧妙地解决了采矿的难题。他们设计了一套系统，将水引入矿井或矿脉中，形成水流，借助水流的作用将废石、沉积物和泥土冲刷走，从而暴露出埋藏在其中的宝石。水力技术成功运用的关键在于对水流的巧妙控制。采矿者需要设计合理的水流方向和水流速度，以确保冲刷效果最大化，同时又避免对宝石本身造成任何损害。这就需要采矿者对矿床地质、水流力学和宝石特性有深入的了解。水力采矿是一项系统工程。古人可能构建了水渠、水道和水泵等基础设施，以引导和控制水流。这套系统可能经过多次试验和改进，最终形成高效、可持续的水力采矿方案。

除了水力技术，人力在古代宝石开采中同样扮演着不可或缺的角色。当宝石矿床不适合引入水力技术时，就需要依赖人力进行采集。这涉及下井或潜水，对采矿者的身体素质和技能有着较高的要求。对于位于地下的宝石矿床，采矿者需要下井进行挖掘，这要求采矿者了解矿井结构、通风系统和危险因素等。下井采矿包括手工挖掘和使用简单机械设备。

有些宝石矿床位于水下，这就需要采矿者具备潜水技能。潜水采集宝石不仅需要采矿者对水下环境有深入了解，还需要掌握潜水装备的使用技巧，采矿者在水下还可能面临水流、能见度和温度等多种因素的挑战。

水力和人力在宝石开采中虽然带来了高效性，但也伴随着一系列安全问题。采矿者必须时刻注意避免开采过程中的意外，确保系统的稳定运行。对于人力采矿，采矿者需要接受专业培训，了解安全操作规程，最大限度减少事故发生的可能性。

水力和人力作为古代宝石开采的重要手段，展现了人类对自然的巧妙利用和对美的追求。水力技术的引入使水下宝石矿床的开采变得更为高效，而人的勇气与所掌握的技术则克服了特殊环境下的挑战。这些古老而独特的采矿技术为我们留下了丰富的文化遗产，同时也启示着现代宝石工艺的创新方向。

（四）宝石的清洗和分类

宝石采集完成后，并不是立即就变成了华丽的首饰。采矿者会对原石进行一系列的处理，其中清洗和分类是至关重要的步骤。采集的宝石原石往往附着有各种泥土、尘埃和其他杂质。这些污物不仅影响宝石的外观，还可能掩盖住宝石真正的颜色和光泽。因此，清洗是确保宝石在后续工艺中能够展现其最佳状态的关键步骤。通常将宝石浸泡在清水或特殊的清洗液中，这有助于软化附着在宝石表面的泥土和污垢。之后，采矿者会使用刷子、海绵或其他软质工具轻轻擦拭宝石表面。在清洗过程中，需要选择适当的清洗工具，以避免对宝石造成任何损害。

由于宝石的硬度和脆弱性不同，采矿者必须小心翼翼地处理每一颗宝石。对于较硬的宝石，可以使用较硬的工具进行清洗，而对于较脆弱的宝石，则需要选择更为温和的清洗方法。这样小心翼翼的处理是为了确保宝石在清洗过程中不会受到额外的损害。清洗完成后，需要根据不同的标准对宝石进行分类。分类通常基于多个因素，包括颜色、大小、形状和质量。这一过程需要采矿者有敏锐的观察力，并对宝石特性有深刻的理解。

首先，颜色是宝石分类中一个至关重要的因素。宝石的颜色决定了其美观程度和市场价值。采矿者需要仔细评估每颗宝石的颜色，确保它与所期望的设计和用途相符合。有时，宝石的颜色还可能受到后续处理的影响，因此在分类过程中需要考虑这一因素。其次，宝石的大小和形状也是分类时需要考虑的因素。有些宝石可能会因为其独特的形状而成为独特的艺术品，而有些宝石可能更适合用于制作特定类型的首饰。最后，宝石的质量也是分类的关键因素。采矿者需要仔细检查每颗宝石，确保其表面没有裂缝、瑕疵或其他缺陷，从而确保用其制作的首饰能够达到高质量的标准，提高宝石的市场竞争力。清洗和分类是宝石采集的重要环节，直接影响到首饰最终的品质和美观程度。通过小心翼翼的清洗和严谨的分类，古代采矿者为后世留存了丰富多彩的宝石文化，使每颗宝石都能闪耀着独特的光芒。

二、宝石的切割和加工

宝石的切割和加工是一个极具艺术性和技术性的过程。这一过程既需要切割师对宝石特性有着深刻的理解，又需要他们掌握精湛的手工技艺。

（一）手工切割

手工切割是宝石加工领域中最古老的技术之一，它代表了宝石艺术的初期阶段。在手工切割的过程中，切割师熟练地使用各种工具，如钻石刀、砂轮和研磨工具，通过精湛的手工技能和深厚的经验，将未经雕琢的原石打磨成迷人的宝石。首先，切割师需要仔细研究宝石的特性，包括宝石的硬度、折射率、颜色和透明度等。宝石的每一种特性都会影响切割的形式和效果。例如，不同硬度的宝石需要不同类型的刀具和工艺来切割，以确保切割的精准性和效果。接下来，切割师会根据设计要求和宝石的特性，选择合适的切割形式和形状。这一步需要切割师具备丰富的切割经验。不同形状的切割会影响宝石的外观和闪耀度，因此切割师必须准确把握每一步的细节。

在切割过程中，切割师会用到钻石刀等工具，进行精密而耐心的操作。这一过程需要高度的专注力和手眼协调能力，因为任何极小的失误都可能导致宝石质量的下降。砂轮和研磨工具用于打磨和修饰宝石的表面，使其达到预期的光泽和色彩。手工切割的优势之一就是可以根据每颗宝石的特性进行个性化的处理。切割师可以在切割过程中调整刀具和工艺，以突出宝石的优点并弥补其缺陷。这种个性化的切割使得每一颗宝石都成为独一无二的艺术品。然而，手工切割也面临一些挑战。首先，它是一项需要花费大量时间和精力的工作，因此成本相对较高。其次，手工切割依赖于切割师的经验和技能，不同切割师的水平可能存在差异，这影响到宝石最终的质量和外观。手工切割是一门古老而精湛的技术，通过切割师的巧手和经验，原始的宝石得以焕发出夺目的光芒，成为令人陶醉的艺术品。虽然现代技术的发展带来了许多自动化的宝石切割方法，但手工切割依然在宝石饰品制作中占有特殊的地位，为每一颗宝石赋予独特的灵魂和价值。

（二）切割的形式和技艺

宝石的切割形式多种多样，每一种切割形式都旨在最大限度地展现宝石的独特之美。切割形式不仅影响宝石的外观，还直接影响到它的折射、反射和透光性能，从而决定了它在首饰中的独特光彩。圆形切割是最为经典和常见的切割形式之一。这种切割形式适用于许多宝石，特别是钻石。圆形的切割形式能够使光线均匀地散射，呈现出璀璨的火彩和闪光，成为许多经典首饰设计的首选。椭圆切割在形式上介于圆形切割和其他形状切割之间。它常被用于改良钻石或切割其他宝石，以展现独特的外观。椭圆切割能够创造出一种时尚而现代的感觉，适合一些独特设计的首饰。祖母绿切割是一种特殊的切割形式，通常用于祖母绿这种翠绿色的宝石。祖母绿切割的特点是梯形或矩形的形状，旨在突显宝石的颜色和透明度。切割师需要根据每种宝石的硬度、颜色、透明度等特性，以及首饰设计师的要求，精心选择和运用不同的切割形式。他们的审美眼光和对宝石的深刻理解是确保切割成果完美呈现的关键。

（三）切割与首饰设计的协同

切割和首饰设计之间存在密切的协同关系。切割师不仅是技术专家，还需要充分理解首饰设计的美学和风格，以确保宝石与首饰完美协调。切割师需要根据首饰设计师的要求，选择最适合的切割形式。不同的形状、大小和切割形式会直接影响宝石在首饰中的表现效果。宝石的尺寸和比例对于整体首饰设计至关重要，切割师必须确保切割后的宝石既能够突显其独特之美，又不会与首饰整体比例不协调。切割和首饰设计需要考虑宝石的颜色与首饰的整体色调相匹配，这需要切割师对宝石颜色的理解以及与首饰设计师密切沟通。切割师和首饰设计师共同努力推动创新，通过采用新颖的切割形式和设计理念，共同创造出独特而引人注目的首饰作品。切割和首饰设计的协同工作要求切割师不仅精通技术，还要有对美感的敏锐嗅觉和对时尚趋势的把握，只有这样，才能创造出令人惊艳的首饰作品，展现出宝石的无限魅力。

三、宝石采集与加工技术的发展

宝石采集与加工技术的发展是一个历经千年的过程，见证了人类在这一领域的不断探索和创新。古代宝石采集与加工技术的传承于世，为后来宝石的采集与加工技术奠定了基础。古埃及、古印度、古希腊和古罗马等文明都在宝石工艺方面取得了令人瞩目的成就，他们的技术和经验在宝石制作的历史长河中得以延续。随着工业化的兴起，宝石采集和加工技术经历了翻天覆地的变革。19 世纪末 20 世纪初，电力和机械化技术的引入使得宝石切割更加精准和高效。机械切割设备的使用使大规模生产成为可能，大大提高了宝石的产量。当代，先进的科技进一步推动了宝石采集与加工技术的提高。激光技术、计算机辅助设计和数控机床等现代科技的应用，使得宝石切割更加精密和定制化。同时，手工技师仍然发挥着重要作用，他们通过传统的手工技艺赋予宝石以独特的艺术魅力。

随着人们对环境问题的日益关注，宝石采集与加工技术也在逐渐转向更环保和可持续的方向。采矿公司和宝石加工企业越来越注重生态平衡和社会责任，采用绿色采矿和加工方法，以减少对环境造成的负面影响。宝石学和宝石工艺的教育与研究成为推动宝石技术进步的关键。研究机构和学术界的不断努力，使我们对宝石的成分、性质和切割工艺有了更深入的了解。培养更多的宝石学专业人才，推动着这一领域的不断发展。未来，随着科技的不断发展和人们对高质量宝石需求的增加，宝石采集与加工技术将继续创新，可能会出现更先进的切割技术、更环保的采矿方法，以及更智能化的制造过程。同时，文化传承和传统手工艺也将继续在宝石领域发挥重要作用。

宝石采集与加工技术的发展是人类对自然的探索和对美的追求的体现。从古代手工采矿到现代机械化和科技的应用，宝石工艺一直在不断演进。这一过程中，人类的智慧和创造力在宝石的世界中闪耀。未来，我们期待宝石采集与加工技术在科技、环保和文化传承方面取得更多的创新和突破，为美丽的宝石世界注入更多活力。总而言之，宝石的采集和加工是珠宝制作至关重要的环节，古代宝石采集依赖于手工工具和地质观察，而宝石的切割和加工逐渐机械化和精密化。这些技术和工艺的发展使宝石更加美丽和珍贵，为珠宝制作提供了坚实的基础。同时，切割和设计的协同也使宝石能够更好地适应不同的首饰风格和审美趣味。

第三节　珠宝在各种仪式中扮演的角色

中国传统文化深厚而古老，在这丰富的文化传统中，珠宝扮演着独特而重要的角色。以下将深入探讨中国传统文化中珠宝的多重含义与表达。

一、宗教仪式与祭祀中的珠宝

在古代中国，宗教仪式和祭祀活动是社会生活中不可或缺的一部分。在这些盛大的场合中，贵族、宗教领袖和祭司等重要人物经常佩戴着丰富华美的珠宝，以展示其社会地位和与神明的亲密关系。这些珠宝包括玉器、金器、银器，以及镶嵌着各种宝石的首饰等。这不仅显示了其对神明的尊敬，也是对仪式本身庄严性质的彰显。在宗教仪式中，珠宝被赋予了神圣的象征意义。玉器在中国传统文化中一直被视为吉祥、神圣的象征，佩戴玉器被认为能够带来吉祥，保佑平安。金器因其贵重而被视为与神灵更为亲近的媒介，反映出对神性的崇敬。这些珠宝不仅是物质财富的表现，更是对神灵力量的感激和信仰。

在宗教仪式中，祭司扮演着沟通人类与神明的重要角色。他们通常身披华丽的祭司袍，头戴巨大的冠冕，身上佩戴着代表神圣权威的珠宝。这些珠宝的选择和佩戴方式是经过精心设计的，代表着祭司对神明的崇拜。古代人们相信，珠宝具有神秘的力量，可以连接人与神明的世界，佩戴特定的珠宝被认为能够获得神灵的庇佑，保护人免受邪恶之力的侵袭。这种信仰使得珠宝成为仪式中不可或缺的元素，也使得珠宝制作和选择成为一门深奥的艺术。

仪式中使用的珠宝通常是经过精心制作的艺术品。在古代，珠宝的制作涉及金属铸造、宝石镶嵌、雕刻等多种工艺。这些工艺不仅要求工匠有高超的技术，更需要工匠对宗教文化有着深刻的理解。仪式中的每一件珠宝都代表着制作者的匠心独运和对神灵的虔诚。宗教仪式中的珠宝承载着深厚的历史，不仅是对古代文明的延续，也是对祖先信仰的传承。

虽然当代社会的宗教仪式相对减少，但在一些传统文化节庆和婚礼等场合，人们仍然对珠宝十分重视。传统文化与现代审美的融合使得当代珠宝在设计和材质上更加多元。

综上，在古代中国的宗教仪式和祭祀活动中，珠宝既是外在华美的装饰，更是内在信仰的表达。其神圣的象征意义、神秘的力量，以及精湛的制作工艺，都使得珠宝在宗教仪式中成为不可或缺的元素。这一传统不仅延续了古代文明的瑰丽，也为当代的文化传承和发展提供了深刻的启示。

二、珠宝与道教的融合

道教强调与自然的和谐，追求至真至灵的境界。在道家哲学中，五行八卦是重要的概念，代表着自然界的基本元素和变化规律。珠宝融入了这些自然元素，成为修行者在物质层面上与自然亲近的方式。五彩琉璃在道教中被视为至宝，与五行理念密切相关。五行分别是木、火、土、金、水，佩戴不同颜色的琉璃被认为有助于调和身体的阴阳之气，使修行者能够更好地融入自然的力量。

道教的修行强调内外兼修，佩戴珠宝是一种外在的修行方式。修行者在选择珠宝时，不仅注重其外观美感，更注重其所含的灵性寓意。每一颗宝石都被认为有其独特的能量和品质，因此佩戴珠宝成为道教修行者在日常生活中与灵性相连的方式之一。在道教文化中，宝石不仅是一种装饰物，更是一种灵性的象征。它代表着宇宙的力量、自然的奇迹，佩戴宝石被视为接纳自然之力，使修行者能够更好地融入宇宙的律动，实现身心的和谐。

道教中的珠宝文化代代相传，传承着古老的智慧和灵性。在当代，设计师们在保留传统的同时，也结合了现代审美和工艺，创造出更符合当代人生活方式的珠宝。这种文化传承与现代创新的结合，使得珠宝在当今社会仍然具有深远的影响。

总之，珠宝与道教的融合不仅是物质与精神的交融，更是对自然、宇宙、灵性的一种理解和表达。在佩戴珠宝的过程中，道教修行者通过选择特定的宝石、符号，以及特定的佩戴方式，实现内心与自然之间的共振，体现着对至真至灵境界的追求。这一融合体现了中国古老哲学与珠宝艺术的独特魅力。

三、佛教中的佛珠

两汉时期，佛教开始传入中国，自那时起，佛教的信仰与修行逐渐渗透到中国社会的各个层面。佛珠是佛教修行的辅助工具，是佛教徒用以念诵计数的随身法具。佩戴佛珠不仅是一种宗教仪式，更是一种寻求心灵启迪和智慧的方式。佛珠的制作非常注重工艺和材质的选择。珠子的材质有玛瑙、水晶等，每一种材质都有其独特的灵性寓意。制作过程中的细致工艺也被认为能够注入珠宝特殊的能量。

尽管现代社会的生活方式发生了巨大的变化，佛珠作为一种传统信仰工具在一些群体中仍然保持着其独特的魅力，他们认为，佩戴佛珠成为一种寻找内心宁静和平衡的方式，这不仅是对传统信仰的坚守，也是为心灵护航的选择。

四、传统婚礼中的珠宝文化

婚礼作为人生中的一大盛事，在中国传统文化中占据着极其重要的地位。它不仅是两个家庭的联姻，更是一种家族、社会价值观念的传承。在这个特殊的仪式中，珠宝文化扮演着不可忽视的角色，通过新娘佩戴的各类珠宝，传递着深刻的文化寓意。在传统婚礼中，新娘的婚饰通常包括头环、耳环、项链、手镯等多种珠宝。佩戴这些珠宝不仅是为了美观，更是为了体现新娘的身份和家庭的繁荣。珠宝通常被精心搭配，以展现新娘的高贵和典雅。在婚礼中，珠宝的选择往往蕴含着深刻的象征意义。例如，象征纯洁和幸福的珍珠，常常被用于婚饰中，代表新娘纯洁的心灵和幸福美满的婚姻；玉石则象征着忠诚和长寿，被视为对婚姻长久和谐的祝愿。这些珠宝不仅在外观上展现了美感，更融入了文化、信仰和家庭价值的底蕴。

在一些地方，婚礼中新娘佩戴的珠宝还受到信仰的影响。例如，在一些民间信仰中，特定的宝石或首饰被认为具有辟邪、祈福的功能，新人会选择特定的珠宝，以祈求神灵保佑和幸福安康。婚礼中的珠宝文化也受到传统礼俗的深刻影响。每一个地域、民族甚至家庭都可能有独特的习俗，这些习俗决定了新娘在婚礼中佩戴的珠宝种类。这种传承不仅体现了历史的积淀，也让婚礼成为文化传承的载体。

随着社会的变迁和文化的交融，婚礼中的珠宝文化也在不断演变。在现代，人们更加注重个性化和时尚感，传统的婚礼珠宝也受到了现代审美的影响。设计师们通过创新，将传统元素与现代风格相融合，创造出更符合当代新人审美需求的婚礼珠宝。

总之，传统婚礼中的珠宝文化承载着丰富的文化内涵和深厚的历史底蕴。在现代，这一传统文化元素依然在婚礼中闪耀着光芒，既保持了传统的庄重与神圣，又不断融入创新，展现出婚礼珠宝文化的生机与魅力。

在中国的民间信仰中，珠宝常常与风水等元素相联系。传统的风水学认为，佩戴特定的宝石和首饰可以调和人体的气场，带来好运和福气。红色的宝石（如红玛瑙）被认为有辟邪的作用，翡翠则被视为镇宅之宝。这些信仰贯穿于日常生活的方方面面，形成了独具中国特色的珠宝文化。随着时代的变迁，中国的宗教信仰和文化观念也在不断演变。传统的珠宝文化在保持传承的同时，也不断融入现代审美和设计理念。越来越多的设计师将传统的珠宝元素与现代工艺相结合，创造出具有独特魅力的新型珠宝作品，使得珠在各种仪式中的角色更加多元而富有创意。

综上，中国的珠宝文化在各种仪式中扮演着丰富而多彩的角色，既是信仰的表达，又是对传统文化的传承。从祭祀活动到婚礼仪式，珠宝贯穿于中国人生活的各个方面，传递着深厚的文化内涵。这一文化传统在现代社会中得以焕发新的生机，成为中国珠宝文化的独特魅力所在。

第四节　世界各地著名的古代珠宝文化

一、中国的玉石文化

中国的玉石文化是中华文明的瑰宝，它源远流长，承载了悠久的历史和深厚的文化内涵。数千年来，玉石在中国传统文化中一直被视为吉祥、长寿和幸福的象征，其在艺术、宗教以及日常生活中的应用，展现了博大精深的文化传统。中国的玉石文化可以追溯到新石器时代晚期。最早的玉器多为简单的器物，如玉璧、玉圭等。随着社会的发展，玉石逐渐从实用工具转变为装饰品和仪式用品。商代是中国玉器艺术发展的繁荣时期，出土的大量玉器中包括玉璧、玉佩等，展现出古人高超的技艺和独特的审美。

玉石在中国传统文化中具有深刻的象征意义。首先，玉被古人视为吉祥之物，寓意着幸福和美好的未来。其次，玉石被古人赋予长寿的寓意，因为玉石质地坚硬，历久弥新，满足人们对长寿、健康的追求。此外，玉器被古人认为具有神圣的力量，因此常被用在祭祀和宗教仪式上。中国的玉石文化表现在丰富多样的玉器种类和广泛的用途上。玉璧、玉圭、玉琮等是古代礼器中常见的玉器，常常被用于祭祀和宗教仪式。玉佩、玉瑗等是古代社会中重要的装饰品，代表着佩戴者的社会地位。玉器的种类之多、用途之广，反映了玉石在中国社会各个层面的重要地位。中国古代玉器的雕刻工艺达到了极高的水平。玉雕常以神话传说、花鸟虫鱼、人物故事等题材为创作对象，尤其以龙、凤和其他瑞兽等传统图案最为经典，这些形象既是对自然的崇拜，又是吉祥、权力的象征，通过精湛的雕琢工艺展现了深厚的文化内涵。

历史上的玉石文献资料是中国玉石文化研究丰富深厚的宝藏。自先秦《周礼》至清末文人笔记等历代文献中都有关于治玉、用玉、享玉方面的记载，这些记载不仅涉及工艺、制度，亦涉及对这些方面的品评与研究。《周礼》《仪礼》《礼记》中记载了治玉、用玉、享玉的明文礼制规定，《舆服》《仪卫》《礼》篇也频频出现玉石使用的相关记载。玉石在中国传统文化中一直占据着特殊的地位，不仅因其独特的美学价值，更因其与中华文明深刻的融合。玉器的制作工艺代代相传，成为中国工艺美术的瑰宝。如今，虽然我们生活的时代已经发生翻天覆地的变化，但玉石依然承载着中华文化的传统，成为当代艺术家创作的重要灵感源泉。

总而言之，中国的玉石文化是中华文明的重要组成部分。玉石通过其深刻的象征意义、多样的艺术表现和精湛的工艺，为中国传统文化注入了独特的灵魂，为后代留下了丰富的文化遗产。

二、古埃及的宝藏珠宝

埃及是世界著名的文明古国之一。埃及历史悠久，大大小小的金字塔、象形文字、埃及法老的金制面具，足见古埃及文化的灿烂。从那些古埃及文明的遗物来看，首饰的使用在古埃及相当广泛。古埃及制作首饰的材料多仿天然色彩，取其蕴含的象征意义。金是太阳的颜色，而太阳是生命的源泉；银代表月亮，也是制造神像骨骼的材料；天青石仿似深蓝色夜空；尼罗河东岸沙漠出产的墨绿色碧玉像新鲜蔬菜的颜色，代表再生；红玉髓及红色碧玉的颜色像血，象征着生命[①]。古埃及首饰的种类主要有项饰、耳环、头冠、手

---

① 朱和平.中国工艺美术史［M］.长沙：湖南大学出版社，2004.

镯、手链、指环、腰带、护身符等，制作精美、复杂，并带有特定含义。耳环分为很多种，有带坠的和不带坠的，有环状的和圈状的。代表古埃及首饰最高成就的是法老的首饰，法老墓中曾随葬着大量精美无比的珍宝首饰，但因多年的盗掘，几乎流失殆尽。在为数不多的未被盗掘的法老墓中，图坦卡蒙陵墓的首饰最为有名。除考古中发现的实物外，古埃及雕像、浮雕及图画上人物所佩戴的首饰，也以其逼真的刻画向我们展示着这个文明古国在首饰工艺上的辉煌成就。

古埃及的珠宝制作以黄金为基础，镶嵌着各式宝石的珠宝作品更是独具特色。项链、手镯等首饰以精湛的工艺和丰富的宝石展示了古埃及人对装饰艺术的热爱。红宝石被用于制作独特的吊坠，翡翠则为项链增色。这些宝石的选择和运用不仅体现了古埃及人对色彩的审美追求，也是对宝石象征意义的深刻理解。古埃及人赋予宝石独特的象征意义，红宝石象征着太阳之力，翡翠则与再生和不朽相联系。这种对宝石的象征理念在他们的宗教仪式和祭祀活动中得到了充分体现。宝石超越了物质层面，成为古埃及人与神明交流的媒介，也是法老权力的象征。

综上，通过对古埃及珠宝的深入挖掘，我们更深刻地理解了古埃及文明的瑰丽。这些宝石不仅是古埃及人审美的体现，更是古埃及人对光辉、色彩和神圣的独特追求，是为后世留下的珍贵的文化遗产。

三、中东的黄金与宝石

中东地区自古以来以其丰富的黄金矿床而闻名，这片土地上的居民运用黄金和宝石创造出了令人叹为观止的珠宝。中东地区的珠宝不仅以其华丽的设计和丰富的装饰而著称，更反映了当地居民对奢华和美的独特追求，成为中东文化的瑰宝。中东地区的黄金矿床为中东地区的居民提供了丰富的黄金资源，成为他们制作珠宝得天独厚的条件。黄金，作为最贵重的金属之一，是中东珠宝制作的主要材料。

中东地区的珠宝以当地人对宝石的独到运用而闻名。红宝石、蓝宝石、绿松石、珍珠等丰富多彩的宝石被巧妙地镶嵌在黄金饰品上，形成了色彩斑斓的作品。这些宝石不仅为珠宝增色添彩，更蕴含了深厚的文化内涵，成为中东文化的独特象征。中东地区的珠宝以其华丽的设计和精湛的装饰而著称。首饰常常采用精美的图案和花纹，结合宝石的璀璨光彩，呈现出一种独特的艺术风格。这些作品不仅体现了当地人对美的极致追求，更承载了中东文化的独特审美观。

在中东文化中，珠宝承载着家族传统、社会地位和宗教信仰等多重含义。人们佩戴这些珠宝，不仅是为了彰显自己的富有，更是为了表达对传统和文化的尊重。中东珠宝传承着古老而又独特的文化，每一件珠宝作品都是对历史和传统的致敬，是对技艺和工艺的传承。这些珠宝不仅在艺术上独具特色，更在文化传承中扮演着重要的角色，将中东古老文明的精髓传递给后代。

四、"宝石之国"——印度

印度，自古以来以其丰富的宝石资源而被誉为"宝石之国"。印度地质条件多样，拥有各种各样的宝石资源。其中红宝石、蓝宝石、祖母绿和钻石等宝石因其高品质和独特之美而备受推崇。这些宝石不仅在印度国内供不应求，更是在国际市场上享有盛誉。印度的宝石产业在全球范围内占据着重要地位，成为印度文化和经济的重要支柱之一。

在印度文化中，宝石与宗教有着密不可分的关系。宝石被视为神圣力量的象征，常被用于寺庙的装饰和祭祀活动。不同的宝石具有不同的神圣概念，红宝石象征着爱情和热情，蓝宝石代表着智慧和真理。印度的珠宝以其独特的设计和斑斓的色彩而著称。传统的印度珠宝常常采用精湛的金属工艺，将各种宝石镶嵌其中，形成精美绝伦的作品。设计中常见的花卉、几何和动物图案，展现了印度文化丰富多彩的一面。这些珠宝作品既是艺术品，也是文化的代表，承载着印度人对生活的热爱和对美的不懈追求。

印度的珠宝不仅是富有的象征，更是文化和宗教情感的表达。人们佩戴着宝石首饰，既是为了展现个人的品位和身份，也是为了表达对宗教信仰的忠诚。在印度社会中，珠宝被视为传统的象征，承载着家族、社会地位和宗教传统的重要含义。通过以上对印度宝石文化的深入了解，我们领略到了这片土地上丰富多彩的宝石传统是如何深深融入印度文化和宗教生活中的。这种对宝石的独特理解和运用，使得印度的珠宝在世界上展现着独特的魅力。

五、其他古代珠宝文化

除了上述文化之外，地中海地区的古希腊和古罗马文化也孕育着独特而引人注目的珠宝传统。

（一）古希腊的珠宝传统

古希腊的珠宝以其简洁优雅的设计风格而独树一帜。在这个古老而辉煌的文明中，珠宝不仅是一种饰品，更是艺术的杰作，承载着古希腊人对美的追求和对自然的敬畏。古希腊人对于珠宝材料的选择非常注重创新。《荷马史诗》中多次提到迈锡尼是"多金的"，而在迈锡尼发现的首饰也多是金制首饰，有金冠、金面具、金项链、金戒指、金手镯、金耳环、金制额饰等，其中以金冠的制作最为考究。在首饰中出现了"金银错"技术，即将黄金和白银交错，精妙无双。除了金制首饰外，还有紫玉和玛瑙穿成的项链、琥珀项链、水晶串珠等[①]。

在古希腊的珠宝设计中，几何图案、植物纹样和动物形态得到了充分的运用。这些元素不仅丰富了珠宝的外观，还赋予了其深刻的文化内涵。几何图案的精准和谐，植物纹样的生机盎然，动物形态的神秘灵动，使得古希腊的珠宝作品成为当时艺术的杰出代表。古希腊的珠宝作品既是艺术的体现，也是对自然的敬畏。这些作品不仅在形式上简洁优雅，而且在艺术构思上独具匠心。古希腊人通过珠宝的设计表达了他们对自然之美的敏锐感知，展现了他们对艺术的无尽追求。每一件珠宝都是一幅生动的画卷，记录了古希腊

---

① 高芯蕊.中西方首饰文化之对比研究［D］.北京：中国地质大学，2006.

人在艺术领域的卓越成就。

古希腊的珠宝传统体现了古希腊人对美的独到见解。简洁而富有内涵的设计风格，使他们的珠宝作品成为艺术和文化的象征。这种对美的敏感和独特见解，影响了后来艺术发展的方向，成为古代艺术的重要组成部分。

综上，古希腊的珠宝传统以其独特的设计风格、多样的材料运用和对美的追求而闻名于世。这一传统为后代留下了宝贵的艺术遗产，成为人类文明发展史上的一颗璀璨明珠。

（二）古罗马的珠宝文化

在古罗马时期，珠宝的设计风格进一步演变，更加注重豪华和奢靡，成为展现佩戴者社会地位和财富的独特象征。在那个繁荣的时代，金属和宝石成为古罗马珠宝的主要材料，设计风格大胆而精致。

古罗马时期的珠宝以金属和宝石为主要材料，反映了当时社会的繁荣程度。古罗马的金属工艺在古代欧洲工艺美术史中占有重要的地位，特别是银器工艺和青铜工艺，品种繁多，装饰华美，制作精良，深受人们喜爱。银的软度仅次于金，加工起来具有较好的延展性。从工艺角度讲，此时的装饰手法多以在薄薄的银板上捶打制作为主。从公元 2 世纪至 3 世纪开始，逐渐进入后期罗马风格。这是由一种自然主义的描写向新的装饰性的表现转化的过程。除几何纹外，人物表现和空间表现也呈平面化。和银器工艺一样，古罗马的玉石工艺盛行于共和末期，在帝政时期达到顶峰。其材质丰富多彩，常见的有红玉髓、红缠丝玛瑙、紫水晶等，也有石榴石、绿柱石、黄玉、橄榄石、绿宝石、蓝宝石等。此类玉石首先是用于制作印章或具有印章功能的戒指等。另外，古罗马人还喜欢用玉石制作各种护身符或其他佩饰品[1]。

古罗马时期的珠宝设计大胆而精致。首饰上常常采用各种复杂的图案和雕刻，展现了其雄伟壮观的艺术风格。戒指上的花纹、项链上的吊坠，都表现出设计师在工艺和审美上的高超造诣。这种设计风格不仅是对财富的炫

---

① 朱和平.中国工艺美术史［M］.长沙：湖南大学出版社，2004.

耀，更是对艺术的追求和品位的体现。在古罗马社会，珠宝成为社会地位和财富的重要象征。古罗马人通过佩戴豪华的珠宝来彰显自己的身份，反映社会等级和地位。贵族和统治者的珠宝尤为引人注目，他们的首饰上常常镶嵌着最昂贵的宝石，展现了他们的社会地位。

古罗马时期的珠宝不仅是物质财富的积累，更是对当时社会价值观和审美趣味的反映。珠宝成为社交场合的亮点，是人们展示自己品位和财富的工具。这种社会文化使得古罗马的珠宝文化独具魅力。古罗马时期的珠宝文化展现了当时贵族和统治者的奢靡生活和对艺术的追求。这一时期的珠宝设计风格成为后来艺术发展的灵感源泉，为人类文明的历史增添了璀璨的一笔。

综上，这些古代文化中的珠宝传统不仅是审美的表达，更是文化、宗教和社会结构的重要组成部分。它们承载着人类文明的瑰丽历史，为后世的艺术和设计提供了丰富的灵感。每一种文化的珠宝都是一段时光的见证，反映了当时人们的审美观和当时人们的生活方式。

第三章
珠宝的材料与工艺

在深奥而璀璨的珠宝研究之旅中，我们将探索宝石的奇妙世界、金银与其他金属的完美融合，以及制作珠宝的匠心工艺与技术。本章将探讨宝石的种类和特性，深入挖掘珠宝制作的艺术精髓。从宝石的独特品质到金属的优雅设计，再到工匠们巧妙的雕琢与切割，我们将带您领略珠宝背后的精湛工艺，探索每一颗宝石的独特故事。让我们一同穿越这闪烁的宝石之门，揭开珠宝制作的神秘面纱。

第一节　宝石的种类与特性

珠宝的璀璨光彩源于各种宝石，它们的种类和特性决定着珠宝的美丽和价值。本节将深入探讨几种重要的宝石，揭示它们的独特之处和其在珠宝世界中的重要性。

一、钻石

钻石，被誉为"宝石之王"，在珠宝领域独树一帜。其独特的硬度和极高的折射率让它在光泽和火彩方面表现出色。钻石的硬度达到摩斯硬度计的最高级别，即 10 级。这意味着钻石是地球上最坚硬的物质之一，能够经受住日常磨损。这种硬度赋予了钻石极高的耐久性，使其成为制作珠宝的理想材料，尤其是用于制作婚戒等常年佩戴的珠宝。

大多数钻石呈透明或近乎透明状态，是光线的理想折射体。钻石的透明度和纯净度直接影响其光学性能。无色无瑕的钻石被认为是最高品质，因为它们能够最大限度地反射光线，闪耀出独特的光芒。钻石的切割形式直接影响其火彩和光泽。切割师会根据钻石的特性和形状，选择切割形式，如圆形切割、椭圆切割、梨形切割等。良好的切割不仅能够使钻石最大限度地反射光线，还能展现出其内在的火彩，使其在光线下呈现出绚丽多彩的效果。切割形式的选择还取决于设计师的审美观。

除了无色无瑕的钻石外，一些稀有的彩色钻石也备受追捧。蓝钻、粉红钻、绿钻等彩色钻石因罕见而独特，成为珠宝收藏家和爱好者竞相追逐的宝石种类。这些钻石色彩饱满、浓郁，为珠宝设计带来更多的创意和可能性。

综上，钻石以其独特的物理特性和美丽的外观成为最受欢迎的宝石之一。其硬度、透明度、切割形式和色彩选择为设计师提供了广泛的创作空间。无论是作为婚戒的主石，还是作为各类首饰的点缀，钻石都在传递着永恒的典雅和珠宝艺术的卓越品质。

二、蓝宝石

蓝宝石的深蓝色让人陶醉，是宝石家族中的一员，因其独特的颜色和神秘的历史而备受推崇。蓝宝石中所含的铝元素和铁元素赋予了蓝宝石深邃的蓝色，使其从宝石内部透射出一种深邃的神秘感。不同含量的铝和铁将呈现出不同深浅和色调的蓝色，创造出丰富多彩的效果，使蓝宝石成为珠宝设计中的瑰宝。

蓝宝石通常具有卓越的透明度，这使得光线能够在宝石内部散射，形成独特的光学效果。其硬度也相当高，使得蓝宝石能够抵御日常佩戴中的刮擦和磨损，适合制作各类珠宝，尤其是戒指和项链等频繁暴露在外的首饰。在古老的传说中，佩戴蓝宝石者能够得到神明的庇佑。因此，人们常常将蓝宝石制作成各种护身符和佩饰，以获取神圣的守护力量。

蓝宝石的历史可以追溯到古代文明，它在古埃及、古巴比伦和古印度等地都有着深厚的历史渊源。古代统治者常常佩戴蓝宝石，将其视为权力和尊贵的象征。这些历史和文化传承赋予了蓝宝石更多的文化内涵和价值。

综上，蓝宝石以其深邃的蓝色、卓越的透明度和神秘的文化历史脱颖而出，成为珠宝设计中备受推崇的宝石之一。其神秘的象征意义和深远的历史渊源使得蓝宝石不仅是一种珠宝，更是一种承载文化传统和神秘信仰的精神符号。

三、红宝石

红宝石，以其鲜艳的红色和出色的硬度而备受青睐。红宝石的独特红色是由其所含的铬元素赋予的。这一深红色，常常被形容为"鸽血红"，使红宝石成为珠宝设计中备受追捧的宝石种类之一。红宝石的颜色饱满、鲜艳，常常与热情、爱情等积极的情感联系在一起。与钻石一样，红宝石拥有出色的硬度，达到摩斯硬度计上的 9 级。这意味着红宝石能够抵御日常佩戴中产生的刮擦和损耗，成为制作戒指、耳环等常佩首饰的理想选择。其硬度也使得红宝石在切割和打磨过程中能够展现出独特的光泽和火彩。

红宝石常被视为热情和爱情的象征，其深厚的红色被认为具有激励人心的力量，因此常被用来制作订婚戒指等珠宝。在古代文化中，红宝石出现在各种神话和传说中，这为其增添了神秘和神圣的色彩。红宝石通常形成于高温高压的环境中，其形成过程复杂且漫长。其产地广泛分布于世界各地，如缅甸、斯里兰卡、泰国等，每个产地的红宝石都带有当地的特色，例如缅甸红宝石以其深红而饱满的颜色而著称。

综上，红宝石以其独特的红色、卓越的硬度和丰富的文化象征而在珠宝领域中占有一席之地。在文化的长河中，红宝石一直以其神秘而美丽的外表传承着珠宝的灿烂历史。

四、翡翠

翡翠，是古老的珠宝文化中备受崇敬的宝石之一，尤其在中国珠宝文化中占据着独特而重要的地位。翡翠以其丰富多彩的颜色而著称，包括浅绿、深绿和浓绿等。这些不同的绿色调赋予了翡翠独特的魅力，使其成为珠宝设计中备受欢迎的宝石种类之一。

在中国传统文化中，翡翠被赋予了辟邪镇宅之力，因此常被用于制作护身符和吉祥物。在传统观念中，翡翠与人体的能量场共鸣，有助于平衡身心，为佩戴者带来心灵上的安宁。优质的翡翠主要产自缅甸、中国、俄罗斯等地。其中，缅甸翡翠以其鲜艳的颜色和高透明度而备受推崇。在评价翡翠的品质时，人们通常关注其颜色、透明度、纹理和切工等方面。翡翠的价值往往取决于这些综合因素。

翡翠由于其独特的颜色和文化内涵，常常在古今珠宝设计中承担着重要的作用。传统的翡翠手镯、项链和吊坠等饰品仍然被许多人所钟爱。现代设计师也通过翡翠的巧妙加工，创造出富有创意和时尚感的珠宝作品，将翡翠的魅力展现得淋漓尽致。

综上，翡翠不仅以其美丽的颜色和出众的品质受到人们的喜爱，更因其在文化中的深刻象征意义而在珠宝设计中占有一席之地。从古至今，翡翠一直是人们追求美好、追求吉祥的象征，其独特的文化价值使得它在珠宝艺术中闪耀独特的光芒。

五、祖母绿

祖母绿，作为翡翠的一种变种，以其独特的鲜绿色和卓越的透明度而备受青睐。相较于一般的翡翠，祖母绿颜色更为饱满且明亮。这种独特的绿色来源于其所含的铬元素和铝元素。优质的祖母绿通常具有卓越的透明度，能够让光线穿透并在宝石内部形成独特的光学效果，使其在阳光下呈现出闪烁的绿光。

祖母绿由于其独特的外观和鲜艳的色彩而常被珠宝设计师所选用，成为各类首饰的理想选择。戒指、项链、耳环和手镯等珠宝品类中都可以看到祖母绿的身影。祖母绿的历史可以追溯到古埃及时代，当时人们就开始将其用于首饰和艺术品的制作。在不同文化中，祖母绿被赋予了不同的象征意义，如生命、自然和繁荣。可能是在古代祖母绿被认为有助于保护婴儿和孕妇的健康，因而得此名。

优质的祖母绿主要产自哥伦比亚、赞比亚和巴西等地。不同产地的祖母绿，其颜色和纹理不同。在评价祖母绿的品质时，人们通常关注其颜色的饱和度、透明度、切割工艺以及是否有天然包裹体等方面。

综上，祖母绿以其独特的鲜绿色和卓越的透明度成为宝石界的一颗明星。其在文化和历史中的悠久地位，以及在珠宝设计中的广泛运用，都使得祖母绿成为一种珍贵的宝石，其不仅因美丽，更因所蕴含的深刻寓意而受到人们的热爱。

六、珍珠

珍珠，作为唯一由生物制造出的宝石，其以天然的光泽和色彩而在珠宝设计中占有独特地位。珍珠的形成是一种自然奇迹，它源于贝类对外界刺激的生理反应。当异物侵入贝壳内部时，贝类会分泌珍珠质来包裹这个异物，逐渐形成圆润的珍珠。

珍珠的颜色丰富多彩，主要包括白色、淡粉色、深金色等。珍珠的颜色不仅取决于贝类的品种，还与其生长环境和养殖技术有关。优质的珍珠通常呈现出温润的光泽，给人以柔和、宁静的感觉，是制作高雅首饰的理想材料。珍珠在珠宝设计中有着悠久的历史，无论是单颗珍珠项链还是多重串珠项链，都展现了珍珠独特的优雅气质。单颗珍珠项链常被视为经典之选，适合在各种场合佩戴。而多重串珠项链则展现了不同颜色和大小的珍珠相互搭配的独特美感，适合突显个性和时尚感。

在古代文化中，珍珠一直被视为高贵、纯洁和幸运的象征。许多文化中都有关于珍珠的神话和传说，这赋予了珍珠神圣的意义。在历史上，珍珠还常常被用于制作王室和贵族的珠宝，成为权力和地位的象征。

综上，珍珠以其天然的光泽和色彩，展现了生命的奇迹和自然的神奇。在珠宝设计中，珍珠一直是经典的元素，为作品注入了优雅和温润的气质。其多样的颜色和在文化历史中的深厚象征意义，使得珍珠不仅是一种宝石，更是一种独特的生命之美。

第二节　金银与其他金属的应用

在珠宝设计中，金、银及其他金属不仅影响着首饰的外观和质感，更为设计师提供了广阔的创作空间。本节将深入探讨不同金属（包括黄金、白金、银以及其他金属）在珠宝制作中的应用。

一、黄金

黄金，作为古老而珍贵的金属，承载着丰富的文化历史和经济价值。黄金具有极强的抗腐蚀性和不变色的性质。这种抗腐蚀性使黄金能够经久耐用，长时间保持其原有的光泽和质感。同时，黄金不会因时间的推移而褪色，而是会保持着恒久的美丽。这些独特的性质使得黄金成为制作珠宝的理想材料，尤其是用于制作日常佩戴的首饰。黄金的纯度通常用千分比来衡量，常见的有 24K、18K、14K 等。不同纯度的黄金呈现出不同的颜色和硬度。24K 黄金为最纯金属，呈现出典型的深黄色；18K 黄金中加入了其他金属，常见的是铜和银，使其颜色略显淡雅，而 14K 黄金的颜色更显沉稳。

这种丰富的色彩变化为设计师提供了更多的创作空间，设计师能够根据首饰的风格和用途进行巧妙搭配。

在珠宝设计中，黄金的多样性和可塑性为设计师提供了创作灵感。戒指、项链、手链等各类首饰都可以通过黄金展现出不同的设计风格。典雅的黄金项链常常会提升佩戴者的优雅气质，而精巧的黄金戒指则承载着爱情和承诺。此外，玫瑰金和白金使得首饰更富层次感，适应不同人群的审美需求。随着社会对环保的关注度增加，黄金采矿的问题备受关注。一些珠宝品牌开始采用可持续的采矿方式，以降低对环境产生的负面影响。这一趋势不仅符合当代人的价值观，也为消费者提供了更多选择。

综上，黄金作为古老而独特的材料，在珠宝领域发挥着不可替代的作用。其独特的性质和丰富的色彩变化为设计师提供了广阔的创作空间，使得黄金首饰不仅是时尚的象征，更是传承文化与历史的精致艺术品。在享受黄金带来的奢华与美丽的同时，人们也更加注重可持续发展，期待通过环保的方式铸造出更为辉煌的黄金时代。

二、白金

白金也称铂，具有许多优良特性。白金硬度和强度较高，不怕腐蚀，抗高温氧化，花纹细巧，颜色晶莹洁白，是纯洁、高贵、典雅的象征，尤其是镶嵌钻石后，更能突显出钻石的洁白无瑕，使之熠熠生辉。在首饰市场中，常见的白金首饰有 Pt900、Pt950、Pt990 和 Pt999。白金以其高密度和优越的耐磨性而备受推崇。白金具有比金或银更大的抗压强度，这就意味着白金可以制成更加精细的镶嵌首饰[①]，它能够更好地保护和固定嵌入的宝石。其抗氧化和抗腐蚀性质使得白金的光泽能够长时间保持，为首饰赋予更为持久的价值。

白金颜色洁白而纯净，这种自然的白色使得白金在搭配各种宝石时更加

---

① 杨如增，廖宗廷，周祖翼.珠宝首饰中的贵金属材料工艺学［J］.宝石和宝石学杂志，2002（2）.

灵活，能够突显出宝石本身的色彩和光泽，使整体造型更为清新高雅。在制作钻石首饰时，白金的应用尤为广泛。其与钻石搭配，既能够突显钻石的火彩和闪耀，又为整体造型增添了高贵感。白金戒指、项链和耳环等首饰在光线的映照下，呈现出耀眼夺目的效果，成为重要场合的亮眼佳品。

对于一些关注环保的消费者来说，选择白金也体现了可持续性的理念。白金的采矿相对较为复杂，但一些珠宝品牌采用了可持续和负责任的采矿方式，以减少对环境造成的影响。环保意识的提升为白金首饰的可持续发展提供了新的方向。

综上，白金凭借其高贵的象征、独特的性质以及在珠宝制作中的卓越表现，成为尊贵珠宝的代名词之一。其洁白的色泽使得宝石更为引人注目，同时其稀有性也赋予了首饰珍稀的价值。在追求时尚的同时，人们对于环保和可持续性的关注也让白金在珠宝业的未来具有更广阔的发展空间。白金首饰不仅是华美的装饰，更是对高尚品位和珍贵回忆的生动诠释。

三、银

银，作为一种常见而广泛使用的金属，承载着丰富的历史与文化内涵。银的颜色丰富多样，最为典型的是明亮的白银色，呈现出一种清新素雅的质感。此外，古银和玫瑰银等变种为银饰品带来更多的设计可能性。这种多样性使得设计师能够根据不同的风格和主题创作出各具特色的银饰品。

相比于黄金和白金，银是一种相对廉价的金属，这使得银首饰更加亲民。设计师可以更灵活地运用银来创作各种风格的首饰，从复古到时尚，从精致到大气，满足不同人群的审美需求。银首饰相对低廉的价格也为消费者提供了更多选择，使得更多人可以享受到珠宝的魅力。银在各类首饰设计中都有广泛的应用，例如项链、手链、戒指、耳环等。其相对柔软的性质使得银饰品更易于加工和雕刻，设计师可以通过各种技法打造出精美绝伦的作品。银首饰适合日常佩戴，也能够与不同的服饰风格搭配，展现出多样的时尚魅力。

银的开采相对较为简单，而且一些珠宝品牌开始采用可持续和环保的银矿采集方式，减少对环境的负担。这种环保意识的提升使得选择银首饰不仅是一种时尚表达，更是对可持续发展的支持。

综上，银作为一种古老而常见的金属，通过其丰富多彩的色彩、相对低廉的价格和灵活多样的设计应用而成为珠宝制作中不可或缺的一部分。其佩戴舒适、价格亲民的特点，使得银首饰深受消费者的喜爱。在珠宝产业中，银不仅为设计师提供了广阔的创作空间，也为消费者带来了更加多元化的选择。银首饰既是时尚的象征，也是对历史与传统的传承，为人们的生活增添了独特的光彩。

四、黄铜、白铜等其他金属

除了传统的黄金、白金和银，黄铜、白铜等其他金属也在珠宝设计中崭露头角。黄铜是由铜和锌等金属组成的合金，其色泽呈现出温暖的金黄色。由于黄铜价格相对低廉，同时具备一定的硬度和韧性，因此被广泛用于制作平价珠宝和古朴风格的设计。黄铜的颜色变化丰富，可以通过氧化处理呈现出深古铜色，为首饰增色不少。

白铜是由铜、锌、镍等金属组成的合金，呈现出银白色的外观。与白金相比，白铜的价格更为低廉，但它依然能够提供类似银首饰的外观。白铜常被用于制作时尚、设计大胆的首饰，其稳定的颜色也使得它成为珠宝设计中的一种理想选择。除了黄铜和白铜，珠宝制作中还会运用其他金属，如不锈钢、钛等。不锈钢以其抗腐蚀、不易变色的特性而备受青睐，通常用于制作坚固耐用的日常佩戴首饰。钛以其轻盈和耐腐蚀的特性，成为一些现代风格首饰的理想选择。这些金属的应用为设计师提供了更多的选择，使得他们可以打破传统，尝试更加大胆、前卫的设计风格。古朴的黄铜、高雅的白铜、坚固的不锈钢，以及轻盈的钛，都为珠宝设计带来了更加多元的可能性。设计师可以通过这些金属的组合和运用，创作出独一无二的个性化作品。

一些珠宝品牌在使用这些较为常见的金属时，也开始注重环保和可持续性，选择高质量、可回收的金属，采用环保的生产工艺。这种对环保的关注也反映在消费者对于珠宝更为理性和可持续的消费观念上。

综上，在黄铜、白铜等其他金属的丰富世界中，设计师们拥有更加广泛的选择，使得珠宝不再受限于传统的材质。这些金属的独特性能为设计师注入新的灵感，为消费者呈现更加多彩的珠宝世界，为珠宝行业注入了创新的活力，引领着时尚潮流的发展。

五、金属选择与设计风格的关联

珠宝设计中，金属的选择不仅仅是一种材质的挑选，更是对整体设计风格的塑造。不同的金属赋予珠宝作品不同的氛围和寓意，设计师通过灵活运用这些金属，创造出多样化的设计风格。黄金一直以来都是奢华和典雅的代名词，其独特的金黄色彩赋予珠宝作品高贵感，同时金的稳定性使得黄金的光泽持久耀眼。在珠宝设计中，黄金常常被用于制作高档饰品，如婚戒、项链和手镯等。不同纯度的黄金呈现出不同的色泽，例如18K黄金、14K玫瑰金等，为设计师提供了广阔的选择空间。

白金因其洁白而闪耀的外观，常常被视为高贵和纯净的象征。与黄金相比，白金更加耐磨，不易划伤，因此常被用于制作钻石等宝石的底座，突显宝石的光彩。白金的冷色调使得它更适合与钻石等明亮的宝石搭配，成为高级珠宝设计的首选。在婚戒设计中，白金也因其象征纯洁和坚固的爱情而备受青睐。相比于黄金和白金的高贵，银更常被运用于年轻、时尚的设计中。银饰品通常更轻巧，价格更亲民，适合日常佩戴。其颜色变化丰富，可以通过镀层、氧化处理呈现出古银或玫瑰银等不同效果，为设计师提供了更多的创作可能性。银的相对廉价也使得设计者能够更灵活地尝试各种形状和风格，从经典到前卫，无所不能。

除了传统的黄金、白金和银，其他金属如黄铜、白铜、不锈钢、钛等也各具特色。黄铜常常被运用于古朴、民族风格的设计中，其格调沉稳，富有历史感。不锈钢和钛因为坚固耐用的特性，常被用于现代感强烈、线条简洁的设计中。设计师通过对不同金属的巧妙搭配，可以打破传统的界限，创造出独特的设计风格。例如，将黄金与银混搭，可在奢华中融入一些时尚元素；或者将黄铜与不锈钢相结合，使作品既保留古朴感又具有现代气息。这种搭配不仅为作品增色添彩，也反映了设计师对于多元文化的理解和创新。

综上，在珠宝设计中，金属选择与设计风格的关联是一个复杂而富有创意的过程。设计师通过对金属的精准运用，使得每一件珠宝都有了独特的灵魂。无论是奢华高贵，还是时尚前卫，每一种金属都在呈现不同设计风格的同时，传递着独特的情感和寓意。

六、环保与可持续性

随着全球对环保和可持续性的日益关注，珠宝业也在逐渐转变，更加注重环保材料的选择和环保工艺设计。这一变革不仅符合当代社会的价值观，同时也为设计师提供了更广泛的材料选择，从而推动整个行业向更为可持续的方向发展。再生金属，如再生黄金和再生银，正逐渐成为环保珠宝的主流选择。相较于传统的黄金和银，再生金属的生产过程更加环保，能够减少对自然资源的依赖。再生金属通常是由回收的废旧金属加工而成，有效减少了对矿产的开采，降低了对环境的负面影响。设计师通过使用再生金属，不仅为地球环境尽一份责任，同时也赋予珠宝作品更为独特的可持续性内涵。

智能设计和定制珠宝的兴起为减少浪费提供了新的途径。传统的大规模生产方式往往伴随着大量废弃材料和能源浪费，而智能设计和定制则能够根据客户需求精准制作珠宝，最大限度地减少了资源浪费。这种按需定制的生产模式不仅更符合环保理念，还为消费者提供了更加个性化的选择，从而推动整个珠宝行业向更可持续的方向发展。

珠宝回收和再利用是另一项推动珠宝行业可持续发展的重要措施。通过回收废弃的珠宝和宝石，利用其材料制作新的珠宝作品，可以减少资源的开采和能源的消耗。这种循环利用的方式不仅减轻了对自然资源的压力，同时也延长了珠宝材料的生命周期。设计师通过巧妙的再利用，将废弃的珠宝赋予新的生命，展现了可持续发展在珠宝行业中的创新应用。

公平贸易和透明供应链成为推动珠宝行业可持续发展的重要手段。一些珠宝品牌开始关注宝石的采购过程，确保从挖掘到加工的每一个环节都是合乎道德和环保标准的。通过建立透明的供应链，消费者可以更清晰地了解珠宝的来源和生产过程，确保其符合环保价值观。这种关注公平贸易的趋势有助于推动整个珠宝业建立更为公正和可持续的系统。

综上，环保与可持续性已经成为推动珠宝行业发展的重要因素。设计师的创新意识和消费者对于可持续性的追求共同推动着这一变革。通过使用再生金属、智能设计和定制、珠宝回收再利用以及关注公平贸易，珠宝行业不仅能够降低采矿对环境的影响，还能为消费者提供更有意义和独特的珠宝作品。这一趋势的发展不仅满足了当代人对美的追求，更为珠宝行业未来可持续发展指明了方向。

第三节　制作珠宝的工艺与技术

一、珠宝设计

珠宝设计是整个珠宝制作过程的灵魂所在，是工艺的起点和艺术的表达。在这一阶段，设计师需要具备卓越的艺术感和审美眼光，将抽象的创意转变为具体的珠宝作品。珠宝设计的创意来源多种多样，可能来自自然界的景色以及文化传统、历史故事，也可能来自设计师个人的情感和体验。设计师需要善于汲取灵感，将各种元素有机地融合在一起，创造出独特而有吸引力的设计。设计师使用不同的媒介来表达他们的设计理念。传统的图纸和手稿仍然是许多设计师喜欢的表达方式，因为它们可以更加直观地展现设计的线条和形态。随着技术的进步，计算机辅助设计软件成为设计师的得力助手，为设计师提供了更多的设计自由度，修改起来也更加便利。

在设计阶段，设计师需要充分考虑所使用宝石的特性。宝石的颜色、大小、透明度以及切割形式都将直接影响最终的设计效果。有些设计师甚至以宝石为起点，围绕宝石的独特之处构思出独一无二的设计。设计师需要综合考虑金属的选择与宝石的搭配，确保二者相辅相成。不同的金属有不同的质感，搭配合适的宝石可以使整体设计更加夺目。黄金可能给人奢华感，白金强调高贵和纯净，而银则常被运用于更为轻松和时尚的设计。设计师需要考虑整体的风格和结构，是选择经典的线条还是时尚的造型？是选择复古的风格还是有未来感的设计？这些都需要在设计的初期确定，以确保整个珠宝作品在风格上保持一致性。

珠宝设计是一个综合艺术、文化、历史甚至心理学等多方面知识的复杂过程。设计师在这个过程中扮演了创作者的角色，他们通过精湛的技艺和独特的眼光，将珠宝赋予了独特的个性和内涵。设计的成功不仅体现在美学上的满足，更体现在珠宝是否能够与人们产生情感共鸣，成为艺术中的瑰宝。

二、金属铸造

在金属铸造的过程中，模具的设计和制作是至关重要的一步。设计师需要考虑珠宝的形状和结构，选择合适的模具材质。常见的模具材质包括石膏和硅胶。石膏模具适用于较简单的形状，而硅胶模具则更适用于细节丰富的设计。模具的设计需要精准，以确保珠宝最终能够完美呈现设计师的意图。选择适当的金属是确保珠宝外观、质感和价值的重要因素。常用的金属包括黄金、白金和银。每种金属都具有独特的性质，如黄金的高延展性和不变色特性，白金的高贵纯净等。熔化金属需要高温环境和专业设备，确保金属能够达到液态状态，以便于后续的倾注步骤[①]。

---

① 徐植.贵金属材料与首饰制作［M］.上海：上海人民美术出版社，2014.

金属熔化，工匠将其小心地倾注到预先准备好的模具中。这一步需要经验和技巧，确保金属能够充分填充模具，以保证最终珠宝的完整性。工匠需要准确掌握金属的流动性，以避免气泡或不均匀的填充。倾注后的金属在模具中冷却凝固，逐渐形成珠宝的初步形态。冷却的速度和过程直接影响金属的晶体结构，进而影响到珠宝的硬度和质地。此阶段需要仔细地控制，以确保珠宝的物理性能符合设计要求。金属完全凝固后，工匠需要小心地取出珠宝。这一步需要谨慎，以避免损坏珠宝的细节和形状。模具的去除过程需要耐心和技巧，确保珠宝表面光滑，没有瑕疵。

模具去除后的珠宝可能需要进行表面处理，包括切割、打磨和抛光等步骤。这些步骤旨在使珠宝表面更加光滑、细致，展现出更好的质感。切割可以使珠宝的边缘更加清晰，打磨和抛光则能够增强珠宝的光泽。通过以上工艺步骤，金属铸造为设计师提供了实现各种形态和结构的机会，使得珠宝制作过程更富有创意和个性。设计师的巧妙设计与工匠的精湛技艺相结合，共同创造出独一无二的珠宝作品。金属铸造为设计师提供了广阔的创作空间。由于金属的可塑性，设计师可以尝试各种形状和结构，创造出独特而富有个性的珠宝。这种工艺使得复杂和精细的设计成为可能，为珠宝的艺术性和创意性注入了新的活力。

传统的珠宝制作可能受到形状的限制，而金属铸造则打破了这一限制。设计师可以通过这一工艺创造更大、更具立体感的作品，使得珠宝不再局限于平面和简单的形状，更能够展现出独特的设计理念。虽然金属铸造为设计师提供了更大的创作空间，但成功的铸造依然需要工匠具备高超的技艺和丰富的经验。对金属特性的理解、对模具设计的精准把控以及对整个制作过程的熟练操作，都是保证珠宝质量的关键。

综上，金属铸造作为一种古老而经典的工艺，延续了千年，同时通过融入现代技术和创新思维，为珠宝制作注入了新的生机。这一工艺不仅为设计师提供了更多的可能性，也为消费者呈现了更加多样和独特的选择。

三、手工雕刻和雕琢

手工雕刻和雕琢是一门古老而富有艺术性的工艺，它为宝石和金属的处理提供了独特的可能性。这一工艺强调工匠的技艺和耐心，每一步都需要仔细而精准的操作，以赋予珠宝更多的个性和独特性。手工雕刻宝石是一种传统的技艺，常用于打磨和塑造宝石的形状。工匠通过使用各种雕刻工具，如刀、磨具和锉刀，将宝石雕刻成各种独特的形状，如花朵、动物或抽象的艺术图案。这些雕刻不仅为宝石增添了独特的视觉效果，也展现了工匠的艺术造诣。

在珠宝制作过程中，金属的手工雕琢是一种常见的工艺，通常用于打磨和雕刻金属表面，赋予其独特的纹理和图案。工匠使用各种雕琢工具，如刨子、凿子和金属锤，将金属雕琢成各种细致的花纹或浮雕①。这种手工雕琢不仅为金属表面增添了层次感，还为整个珠宝作品注入了艺术元素。手工雕刻和雕琢赋予珠宝更多的个性和独特性，这种个性和独特性使得手工雕刻的珠宝在市场上备受欢迎，因为人们追求与众不同的审美体验。

手工雕刻和雕琢是一门需要高超技艺和耐心的工艺。工匠必须对材料有深刻的了解，精通雕琢工具的使用，同时保持对细节的极致关注。每一个雕琢的环节都需要工匠的悉心打磨，以确保最终的效果达到预期的艺术水平。总体而言，手工雕刻和雕琢是一种注重传统工艺与创新相结合的珠宝制作方式。通过工匠的巧手和艺术的表达，珠宝作品得以呈现出更为丰富、深邃的内涵，每一件珠宝都成为一件独特的艺术品。

---

① 徐植.贵金属材料与首饰制作［M］.上海：上海人民美术出版社，2014.

第四节　宝石切割与镶嵌技术

一、宝石切割技术

　　宝石切割技术是一门融合科学和艺术的独特工艺，它通过在宝石上进行仔细的切割，使其展现出美丽的光彩和火彩。这项技术的精湛程度直接影响到宝石的外观和光学性能。宝石切割的重要性在于它不仅美化了宝石的外观，更充分展现了宝石内在的光学性质，从而达到最佳的视觉效果。宝石切割旨在使宝石光线的传播和反射达到最佳状态。切割师通过在宝石上精确地刻出不同的切面和棱角，使光线能够在宝石内部发生多次反射和折射。这些精心设计的切面和角度可以最大限度地提高光线的利用率，使宝石呈现出更为夺目的光彩。

　　切割的形式和切口的位置对宝石的色彩表现有着直接的影响。正确的切割可以突显宝石的天然色彩，使其更加饱满和生动。此外，通过合理的切割，切割师还可以减少或消除宝石内部的不完美，提升宝石的透明度。宝石的闪耀度取决于宝石的切割质量。精细的切割可以使光线在宝石内部形成独特的火彩和光芒。切割师通常会根据宝石的种类、硬度和光学特性，选择合适的切割形式，以确保宝石在不同光照条件下都能展现出迷人的闪耀效果。

　　切割不仅可以改善宝石的光学性质，还可以调整宝石的外观，使其更符合设计师的创意。通过选择不同的切割形式，可以制作出圆形、椭圆形、心形等多种形状的宝石，丰富了珠宝设计的可能性。宝石切割不仅是一门艺术，更是一门科学。它要求切割师兼具对宝石学、光学和设计学的深刻理解，以确保每一颗宝石都能展现出其独特的魅力。良好的切割是一件复杂而精密的工艺，能够为宝石注入生命和灵性。不同的宝石往往采用不同的切割形式，以突显其独特的特性。例如，圆形切割通常用于钻石，因为这种形状能够使光线均匀地反射出去，呈现出均匀的火彩；椭圆切割常用于形状较长的宝石，如祖母绿，以强调其色彩；梨形切割则常用于项链的吊坠，形状独特而具有艺术感。

宝石切割师通常使用专业的工具，如切割机和切割盘，进行精密而细致的工作。切割机能够以高速旋转的切割盘切割宝石，而切割盘上的小切口则决定了最终的切割形状。切割师需要具备精湛的技艺和丰富的经验，以确保切割的准确性和精细度。良好的切割不仅能够使宝石在不同角度下呈现出迷人的颜色，还能影响其透明度。透明的宝石往往更受欢迎，因为它们能够让更多的光线穿透并展现出内部的光彩。切割师通过调整切口的角度和深度，以及选择合适的切割形状，来实现对宝石颜色和透明度的最佳展现。

宝石切割技术是将科学和艺术完美结合的产物，工匠通过巧手和精湛技艺，使宝石展现出最美丽的一面。切割不仅是技术活，更是一门艺术，因为每一颗宝石都有其独特的特性，需要在切割时得以突显。这项技术的运用使得每一颗宝石都成为独一无二的艺术品，吸引着人们对珠宝的无尽喜爱。

二、宝石镶嵌技术

宝石镶嵌技术是一门复杂而精湛的工艺，通过将宝石巧妙地嵌入金属底座，创造出独特的设计效果。这项技术结合了对宝石和金属的深刻理解，要求工匠具备高超的技能和极大的耐心。珠宝首饰镶嵌师傅们不但能熟练掌握和运用各类镶嵌技能，还善于通过雕塑、摆胚等手段进行创作研发，现代工艺美术专业的师傅们还精于手绘、电绘等设计表现形式，能把握各类宝石的光学特征、物理力学特性，从而得以更加全面、系统地去研究分析专业理论与实际操作的相互影响与促进关系[①]。

宝石镶嵌的基本原理是将宝石嵌入金属的底座中，通过金属的包裹和支撑来固定宝石。这既保护了宝石，又赋予了宝石更为牢固的结构。镶嵌的过程中，工匠需要准确计算宝石的尺寸、形状和角度，以确保它能完美地嵌入到底座中。在宝石镶嵌的过程中，材料选择是至关重要的一环。工匠需要仔细考虑金属和宝石之间的相互作用，确保它们能够和谐共存。不同金属的质地和宝石硬度需要巧妙搭配，以确保宝石在被嵌入金属底座时既稳固有力，又免受不必要的损伤。材料的选择不仅关乎外观美感，更直接关系到宝石的耐久性和品质。

镶嵌并非简单地将宝石放入金属底座中，而是需要经过一系列复杂的技术处理。金属的切割、打磨和抛光等工艺决定了底座的形状、光泽和整体美观度。工匠的技能和对材料特性的理解直接影响到珠宝作品的最终质量。通过巧妙运用金属处理技术，可以使底座更为平滑、光洁，使宝石展现出最佳的效果。在珠宝设计中，安全性与舒适度同样至关重要。镶嵌的首饰需要符合人体工程学，确保佩戴者在佩戴时感到舒适自然。因此，在设计过程中，需要精确考虑镶嵌的位置，以避免对皮肤造成摩擦或不适。

在制作珠宝时，不同的镶嵌方式赋予了珠宝不同的外观和风格。镶嵌是一种常见而经典的加工方式。通过使用小金属爪，宝石被牢牢固定在底座上。这种方式适用于各种宝石，如钻石、蓝宝石等，它能够使宝石的大部分表面暴露在外，以展现其美丽。由于宝石的周围没有太多的金属覆盖，这种方式使得光线能够更自由地穿过宝石，呈现出独特的火彩和光芒。在包镶方式中，工匠会用一条金属边完全包裹住宝石，只露出表面的一小部分。这种方式不仅为宝石提供了额外的保护，减少了它受损的可能性，还创造了一种独特的设计感。包镶的边缘可以是圆形、方形，甚至可以根据宝石的形状定制，营造出简约而优雅的外观。

---

① 刘晓华. 珠宝首饰镶嵌技艺的传与承［J］. 上海轻工业，2023（4）.

嵌合是一种常用于嵌入一系列宝石的方式。它将宝石放置在两条平行的金属条之间，形成一条通道。这使得宝石呈现出线性排列的效果，通常用于戒指、手链等设计。这种方式不仅展示了宝石的连续性，还带有一种现代感和线条感。爪镶是一种将宝石用独立的金属爪固定在底座上的方式。这些小巧的爪子可以是四爪、六爪或更多，爪子的形状和数量会影响宝石的稳定性和外观。多数用于圆形和方形宝石，尤其是钻石。磨口镶嵌是一种创新的方式，通过在金属中创造出一个微小的磨口，将宝石夹在其中，利用金属的弹性将宝石固定在底座上。这种方式使得宝石看起来几乎悬浮在空中，突显了宝石本身的光彩。

这些常见的镶嵌方式不仅影响着宝石的外观，还与设计师的审美观念和创意相互交融，共同创造出各具特色的珠宝作品。选择合适的镶嵌方式有助于突显宝石的美感，使整个珠宝更具吸引力，而且每一种方式都为珠宝注入了不同的风格和特色，使其更符合佩戴者的个性特征和时尚趋势。在进行宝石镶嵌时，工匠需要兼顾美学和实用性。他们必须考虑到金属和宝石的相互作用，确保宝石不仅美观而且安全。精细的手工技艺和专业的计算是取得成功的关键，因为每一颗宝石都有其独特的特性和形状。

镶嵌技术不仅可以保护宝石，还可以通过巧妙的组合创造出独特的设计效果。组合不同形状、大小和颜色的宝石，以及采用不同的镶嵌方式，可以打造出独具个性和艺术感的珠宝作品。宝石镶嵌技术是珠宝制作中的一门精湛工艺，工匠通过巧手和精湛技艺，将宝石与金属融为一体，呈现出丰富多彩的设计效果。每一次镶嵌都是对宝石和设计的精细雕琢，使得珠宝作品更显珍贵、独特和具有收藏价值。通过宝石切割和镶嵌技术，工匠能够在宝石和金属之间找到平衡点，创造出令人叹为观止的珠宝作品。这些技术不仅要求工匠具备精湛的技艺，还需要他们对材料的特性有深刻的理解，以确保珠宝在质感、色彩和形状上达到最佳的呈现效果。

总而言之，宝石切割和镶嵌技术是珠宝制作过程中至关重要的环节，它们不仅决定了珠宝的外观和艺术性，也影响着珠宝的品质和价值。这些古老而传统的工艺通过世代传承，与现代设计相结合，使得每一件珠宝都成为一件独特而璀璨的艺术品。

第四章
文化与社会中的珠宝

珠宝不仅是美丽的饰品，更是承载着历史、传统与情感的载体。本章我们将解锁珠宝在不同文化中的独特价值。同时，探寻名人与皇室对珠宝的钟爱，揭开珠宝背后的故事。在这一章，我们将领略珠宝背后的深邃文化，感受它在社会中扮演的独特角色。

第一节 珠宝的象征意义

珠宝在文化和社会中不仅是装饰品，更承载着深刻的象征意义。不同的文化和时代赋予珠宝不同的寓意，使其成为人们生活中不可或缺的一部分。

一、爱情与承诺

珠宝在爱情与承诺中扮演着独特的角色，尤其是订婚戒指和结婚戒指成为永恒爱情的象征。这些宝贵的饰品不仅代表着物质的奢华，更蕴含着深刻的情感和责任。戒指，特别是镶嵌钻石的戒指，是一段美好爱情故事的开始。钻石的坚固和光芒代表着坚定的承诺和不朽的爱情。每颗钻石都是独一无二的，交换戒指的瞬间，象征着双方对于未来的共同承诺，将彼此的心灵紧密相连①。

戒指的圆形被视为无尽爱意的象征。这种简单而典雅的设计代表着夫妻之间的无限爱意和默契，寓意着爱情的循环与延续。当新人佩戴上戒指，他们就完成了一次郑重的承诺，同时也进入了彼此扶持、不离不弃的美好阶段。在婚礼仪式上，交换戒指是一场庄重的仪式。这一时刻不仅是对爱情的宣誓，更是对双方责任和忠诚的郑重承诺。当新郎新娘佩戴上对方赠予的戒指时，象征着他们从此开始共同的生活旅程。这种仪式感和象征性让珠宝成为两颗心灵紧密相连的见证者，记录着美好的婚姻起点。

每一对夫妻都有属于自己的爱情故事，而这个故事往往由一件珠宝开始。订婚戒指和结婚戒指不仅承载了最初的浪漫，更见证了两人在爱情的长河中前行的点点滴滴。这些珠宝成为家庭传承的一部分，连接着世代之间的爱与责任。爱情与承诺，交织在每颗钻石和每个戒指的光芒之中。珠宝不仅是美的象征，更是情感的表达，让爱情在光彩夺目的宝石间得以永存。在这璀璨的光芒下，每一对恋人都能找到属于自己的珠宝之爱，将珠宝的永恒之美与他们的故事相融合。

二、地位与权力

在历史的长河中，贵族和统治者往往通过佩戴璀璨的珠宝向外界展示他们的权力，展现家族的繁荣和荣耀。这些珠宝不仅是外在的装饰，更是身份和地位的象征，承载着深刻的历史内涵。王冠一直是皇权的象征。不同形式和不同设计的王冠代表了各国不同的传统和文化。佩戴王冠的仪式是一场庄重而古老的仪式，象征着权力的传承和家族的延续。王冠上镶嵌的宝石更是为其增色添彩，传达出统治者的威严和家族的繁荣。

戴珠仪式是贵族社会中的盛大庆典，在这个仪式上，贵族成员会佩戴代

---

① 张凡.珠宝是爱的精神传承［J］.芭莎珠宝，2020（4）.

表尊贵身份的各类珠宝,如项链、戒指和耳环。这些珠宝的选择和佩戴方式都有严格的规定,体现了当时社会的等级制度。珠宝不仅是个体身份的象征,更是家族传统的一部分。家族纹章和徽章常常被刻印在珠宝上,这些标志性的图案通过镶嵌、雕刻等工艺,展现出深厚的历史内涵和独特的家族传统。

特定的珠宝常常代表着贵族家族的传承。这可能包括一代代传下来的翡翠项链、皇家戒指或其他珠宝饰品。这些珠宝见证了家族的兴衰,记录着各种重要时刻,如王位继承等。它们成为传统与现实的桥梁,承载着世代相传的荣耀。金银是贵族珠宝中常见的材质,其奢华的特质与贵族地位相得益彰。黄金的光泽和白银的纯净共同构成了贵族珠宝的基调,为整体设计增色不少。这些贵重金属的运用使得珠宝在细节和材质上都能体现出地位的尊贵。贵族珠宝中的宝石,尤其是大颗优质的宝石,为其增光添彩。红宝石、蓝宝石、祖母绿等各种宝石都被用于装饰贵族的珠宝,赋予其更为璀璨夺目的外观。这些宝石的品质和数量往往能体现贵族的社会地位。

许多贵族珠宝最终成为博物馆中的珍品,成为文化遗产的一部分。这些珠宝通过博物馆展览,不仅展示了个体和家族的光辉历史,同时也为参观者提供了了解古代文化、工艺和审美的窗口。这些珠宝作品成为文化传承的一环,让参观者领略到古代生活的瑰丽与庄重。

三、灵性与护身符

在一些文化中,珠宝被赋予了灵性的力量,因此被制作成护身符。不同的宝石被赋予了不同的灵性属性,例如,蓝宝石在一些文化中被视为智慧和神圣的象征,红宝石则与热情和力量相关联。人们相信佩戴这些宝石可以获得与之相应的祝福和庇护。

一些文化认为,宝石具有独特的能量和治愈效果。例如,水晶被认为能够平衡能量、增强意识,并具有净化心灵的作用。人们根据宝石的属性选择特定的宝石,以寻求心灵的安宁和平衡。珠宝中常常镶嵌各种神秘符号,这些符号代表着宗教、宇宙、命运等概念。特定形状的珠宝被制作成护身符，用于驱邪避害。这些护身符可能包括嵌有特殊符号的项链、戒指或手链。人们相信佩戴这些护身符可以保护自己免受灾祸、疾病和邪恶力量的侵袭。

在宗教仪式和祭祀仪式中，珠宝扮演着重要的角色。人们佩戴特定的珠宝参与祭祀，相信这样能够获得神灵的庇佑和祝福。珠宝在重要生命时刻，如出生、成年、婚礼等仪式中，也承载着祝福和庇佑的意义。家族中传承下来的特定宝石首饰可能会在这些仪式中传递家族的祝愿和希望，成为生命历程中的重要见证。

一些特定的珠宝被用于执行传统仪式。可能是在祭祀中佩戴的项链，也可能是用于宗教仪式的戒指。这些珠宝不仅是物质的装饰，更是灵性信仰的具体体现。在这种灵性与护身符的象征中，珠宝超越了其表面的美丽，蕴含着人们对于超自然力量、信仰和幸福的追求。

四、个性与风格

珠宝作为表达个性和独特风格的媒介，蕴含着佩戴者独特的个性和审美取向。设计独特的项链、耳环以及个性化的戒指，都成为展示个性的画布，使珠宝成为佩戴者身份的一部分。设计独特的项链是表达个性的热门选择之一。设计师通过各种形状、材质和镶嵌工艺，打造出各具特色的项链。有的人钟情于简约而富有现代感的设计，选择线条清晰的吊坠项链；有的人热衷于具有复杂雕刻和镶嵌艺术风格的项链，将自己的独特品位展现无遗。

耳环作为一种常见的珠宝配饰，也是表达个性的绝佳选择，从简约的小巧设计到大胆的悬挂式耳环，每一款都可以突显佩戴者独特的风格。个性化的耳环设计包括各种形状、图案和颜色的搭配，为佩戴者提供了充分的自由选择，让他们在细节中彰显个性。戒指作为珠宝中的精致品类，更是个性化表达的重要元素。设计独特的戒指可能融入了特殊的图案、象征性的元素，或是通过非传统的宝石搭配展示个性。这些戒指不仅是装饰品，更是佩戴者对自我的肯定，对独特品位的自信展现。

一些珠宝品牌提供刻字和定制服务，使得戒指更具个性化。佩戴者可以选择在戒指内侧刻上特定的文字、日期或符号，这使得珠宝不再只是物理的存在，更是个人经历和情感的见证。通过这种方式，戒指成为独一无二的故事讲述者。每一件珠宝都承载着设计师的审美理念，而佩戴者通过选择珠宝来展示自己的审美取向。有人喜欢传统经典的设计，选择优雅简洁的珠宝；有人追求时尚与艺术的结合，钟情于独特设计和创新的珠宝风格。珠宝作为艺术品，通过佩戴，将个体审美表现得淋漓尽致。

材质的选择对于珠宝的风格表达至关重要。黄金会为珠宝带来经典和奢华感，白金则更强调现代感和纯净度。通过选择不同的材质，佩戴者可以在珠宝中融入自己钟情的风格元素，使之更加符合个性品位。珠宝的个性化设计为每个人提供了表达自我、展示独特品位的平台。独特的项链、耳环和戒指都成为塑造个性形象的绝佳选择。在这场审美的盛宴中，珠宝成为个体风采的闪亮注解，承载着无穷的个性与风格。

五、纪念与传承

珠宝在文化中的象征意义不仅局限于装饰，更承载着家族传承和纪念的重要使命。这些传统珠宝不仅是家族历史的有力见证，更是文化遗产。在家族传承的珠宝中，祖辈的结婚戒指，传统的婚礼珠宝，如传世的项链或耳环，都成为家族历史的见证。这些珠宝承载着祖辈婚姻的美好时刻，透露着爱情和家庭的温馨。

除了婚姻，珠宝还常常与生育和成就相联系。一些特定的珠宝可能会在家族中代代相传，象征着生命的延续和家族的繁荣。这些珠宝可能在重要的生日、成年礼或成就庆典中被赋予特殊的纪念意义，见证家族的成长和进步。祖传的项链通常承载着丰富的家族历史。这些项链由祖辈一代一代传承，每一颗宝石、每一处雕琢都是一个个故事的节点。通过这些传统的雕琢，珠宝被赋予了独特的形态，以表达家族的特殊价值观和传统美德。

传世的戒指往往是家族中最受重视的珠宝之一。这些戒指可能承载着祖辈对婚姻的誓言，通过世代相传，传承至今。一些家族甚至通过独特设计，将不同时代的元素融入同一枚戒指中，使其既保留传统，又具有时代的独特印记。这些传承的珠宝不仅是物质财富，更是家族情感的延续。佩戴者通过珠宝与先辈建立情感纽带，感受到家族温暖和关爱。每一颗宝石都如同家族历史中的一颗明珠，闪烁着记忆的光芒，将家族的情感代代相传。

在制作这些传承的珠宝过程中，一些传统的技艺也在家族中传承。手工雕琢、金属铸造等传统工艺不仅赋予珠宝独特的艺术性，同时也是家族工匠技艺的传承。这种传统技艺的继承与发扬，使得每一件传承的珠宝都成为文化传统的见证者。纪念与传承是珠宝的重要使命，连接着家族的历史和未来。它们不仅是华美的珠宝，更是时间的见证者，承载着家族的深厚情感和传统价值观。这些珠宝作为家族传承的一部分，将珍贵的回忆代代相传。

六、礼物与感激

珠宝作为礼物，不仅是一份物质的馈赠，更是深深的感激、爱意和祝福的表达。每一件精心挑选的珠宝礼物都承载着独特的情感，无论是生日、结婚纪念日还是其他重要场合，都成为真挚情感的表达。选择珠宝作为礼物，传递了对他人的特殊关怀和深厚感情。珠宝的独特价值和永恒光芒，与珍贵的友谊、家人的情感相得益彰。每一颗宝石都仿佛是对于受礼者独特魅力的认可，这使珠宝成为真挚情感的载体。

精心挑选的珠宝礼物常常被赋予了礼物独特的个性。不同的设计风格、宝石选择，都可以展现出送礼者对受礼者品位和兴趣的深刻了解。这使得珠宝礼物不仅是物质的交流，更是心灵的沟通。珠宝作为生日礼物，蕴含了对受礼者幸福的美好祝愿。生日是一个特殊的瞬间，而一份精致的珠宝礼物则是对这一刻的见证。无论是项链、手链还是戒指，都能在生日的璀璨中留下珍贵的回忆。

一些以宝石和星座为主题的珠宝礼物，更是巧妙地将宇宙的神秘与受礼者的生辰相结合。通过选择与星座相符的宝石，赋予礼物更多的寓意和祝福，使得珠宝成为一份兼具美感和心意的生日礼物。在结婚纪念日赠送戒指，更是对婚姻誓言的延续和更新。戒指象征着永恒之爱和责任，是婚姻中珍贵的见证。选择在结婚纪念日赠送戒指，不仅是对过去美好时光的回忆，更是对未来幸福生活的承诺。

一些定制的珠宝，如刻有结婚纪念日期或特殊符号的项链或手链，可以成为时间的印记，见证着夫妻间的点点滴滴。这种设计独特的珠宝不仅能够表达感激和爱意，还可以在未来的岁月中成为共同回忆的一部分。珠宝作为礼物，是感激、爱意和祝福的集合。其华美的外观和深刻的寓意，使得每一件珠宝礼物都超越了物质层面，成为珍贵的情感表达。生日、结婚纪念日或其他重要场合，一份珠宝礼物既是对受礼者的独特关怀，也是和受礼者感情深厚的象征。这些象征意义使得珠宝在文化和社会中具有多重角色，不仅是美的艺术品，更是情感、历史和身份的传承者。从爱情到地位，从灵性到个性，每一件珠宝都是一个独特的故事，承载着人们的梦想和情感。

第二节　珠宝在婚礼仪式中的角色

婚礼是人生中至关重要的时刻，而珠宝在婚礼仪式中扮演着独特而不可或缺的角色。以下将详细探讨珠宝在婚礼仪式中的各种作用。

一、结婚戒指的永恒之爱

结婚戒指在婚礼上扮演着重要的角色，它不仅是一件珠宝，更是深沉爱情和未来承诺的象征，代表着新生活的开始。结婚戒指的独特设计传递着对彼此的深切承诺和对婚姻关系的珍视。圆环没有开始和结束，代表着夫妻间永恒的誓言和承诺。

戒指的交换是一场关于承诺的仪式，是对未来生活的郑重许诺。戒指交换的瞬间，标志着两颗心灵紧密结合。这件小小的珠宝，成为爱情的见证者，承载着"我愿意""我承诺"的深刻内涵。无论戒指的设计是经典还是独特，每一处细节都在述说着两个人之间深沉的感情故事。珠宝的璀璨光芒，见证着这份心灵的契约，成为两人爱情旅程中不可磨灭的一部分。在婚礼仪式上，戒指交换是整个仪式的重要环节。戒指不仅见证着这一刻的甜蜜，更承载着过去和未来的爱情故事。它成为家庭历史的一部分，将这段感情永远地镌刻在时间的长河中。每当看到戒指，夫妻俩都会被勾起甜蜜回忆，珠宝因此成为永恒爱情的见证者。

婚后每天佩戴着这枚戒指，夫妻间的爱和承诺在日复一日中得到强化和延续。结婚戒指成为生活中的一部分，见证着夫妻共同经历的点滴，承载着患难与共的誓言。结婚戒指不仅是一种装饰品，更是对婚姻关系的珍视和尊重。戒指在指尖轻轻转动，时刻提醒着夫妻彼此的存在。它是一种情感的延续，每一次的触碰都是对对方深深的牵挂。戒指承载着夫妻间深沉的感情，它的存在成为婚姻关系中不可或缺的一环。

在有些家庭，结婚戒指的意义超越了日常的物质层面，它传承着家族的文化和价值观。很多时候，结婚戒指是代代相传的家族宝物，见证着祖祖辈辈的幸福婚姻。这种传承不仅是对过去的致敬，也是对未来的祝福。在结婚戒指的圆环中，夫妻间的爱在时间的长河中得到永久的延续。这一小小的珠宝，不仅是对彼此的承诺，更是对共同生活的热切期许。戒指见证了夫妻从爱情到婚姻的完美升华，成为永恒之爱的象征。

二、家族传承的珠宝

在一些家庭中，特定的珠宝常常承载着家族的历史。这些珠宝在婚礼仪式中扮演重要的角色，新娘佩戴它们，意味着将自己融入了这个家族，承载着家族历史的延续，对家族的过去表示尊敬和纪念。在婚礼中佩戴家族传承的珠宝也为整个仪式增添了深厚的文化底蕴。这些珠宝常常刻有独特的文化符号、图案，为婚礼注入了特殊的寓意。婚礼成为家族传统的一部分，而这些珠宝则是传统文化的具体体现，为婚礼赋予了更深远的意义。

家族传承的珠宝不仅是物质上的传承，更是家族的价值观的传承。它们可能是代代相传的爱情故事、关键时刻的见证者，或是家族信仰和信念的象征。佩戴这些珠宝，新娘承担起传承家族价值观的责任，将这些珠宝的意义传递给下一代。在婚礼中佩戴家族传承下来的珠宝，也是一种对历史的美丽的重塑。这些宝物可能因时间而磨损，但它们的痕迹也是新娘魅力的一部分。这种独特的魅力超越了物质的华丽，是对家族历史的一种美好回顾，也为新婚夫妇的故事添上了珍贵的一笔。

三、饰品搭配婚纱的完美时刻

婚礼是新娘成为焦点的时刻，而饰品的搭配对于婚纱的完美呈现至关重要。项链、耳环、手链等的选择需要与婚纱相协调，以展现新娘的优雅和高贵。精心挑选的珠宝能够为新娘独特的魅力增光添彩，使她成为令人难忘的视觉焦点。在选择项链时，需要考虑婚纱的领口设计。如果婚纱是经典的圆领款式，可以选择简约而优雅的短链项链，使颈部线条更为修长，如果婚纱是 V 领或深 V 领，一条垂坠的吊坠项链，能够完美地延伸颈部曲线，增添女性柔美感。

耳环是突显新娘脸庞的重要饰品。若新娘选择低领或露肩的婚纱，可以搭配长款耳环，使整体造型更为流畅。对于高领或复古风格的婚纱，短款耳环可以突显新娘的颈部线条，可能更为合适。钻石或珍珠耳环都是经典而迷人的选择。手链和手镯能够为新娘的手部增添亮点。如果新娘选择短袖或无袖的婚纱，一条精致的手链会使手部更加纤巧。在选择手镯时，可以考虑与戒指或其他饰品形成搭配，形成整体的和谐感。戒指是婚礼上不可或缺的饰品之一。订婚戒指和结婚戒指是焦点，应该与其他珠宝相协调。在选择戒指时，可考虑与订婚戒指形成搭配，创造出更为独特的效果。同时，戒指的选择也要考虑与手部其他饰品的协调性。

如果新娘选择了复古或宫廷风格的婚纱，发饰的选择尤为重要。发饰的设计应与婚纱相呼应，打造出宛如童话般的梦幻效果。在选择发饰时，要注意与发型的搭配，使整体造型更为和谐。最重要的是，所有的饰品要与婚纱的整体风格相协调。若婚纱是简约现代风，可以选择清新淡雅的珠宝；如果婚纱是华丽宫廷风，可以选择更为奢华璀璨的珠宝。有些新娘喜欢个性独特的定制饰品，这能够更好地突出她们的个性。个性化定制的项链、耳环或戒指，可以在细节中展现新娘独特的品位和风格，使整体造型更富有个性。

四、珠宝的祝福和好运

在各种文化中，特定的宝石和符号被赋予祝福和好运的象征意义。在婚礼仪式上，人们选择佩戴一些珠宝，如蓝宝石、珍珠或其他象征幸运的宝石，以表达对新婚夫妇的美好祝愿。这些宝石不仅是装饰，更是对新婚生活美好祝愿的象征。蓝宝石被认为具有宁静和幸福的力量，在婚礼中选择佩戴蓝宝石的首饰，如项链或耳环，寓意着新婚生活的平静和幸福，也象征着对婚姻美满的祝愿。

珍珠一直以来都被视为纯洁和无瑕的象征，在婚礼中佩戴珍珠项链或耳环，既能够展现优雅的气质，又代表着新婚夫妇纯真而美好的开始。珍珠还与月亮的柔和光辉相连，为婚礼增色不少。四叶草一直被认为是幸运的象征，每片叶子分别代表希望、信仰、爱情和幸福。在珠宝设计中，四叶草图案常常被用来传递对幸福婚姻的美好期许。戒指、项链或手链上的四叶草设计，寓意为新婚夫妇带来好运和美好的未来。

在一些文化中，特定的数字被认为会带来好运，如8在中文中谐音"发"，设计师经常会选用这些数字来设计戒指或项链，寓意为新婚夫妇带来幸运和繁荣。太阳花代表着生命的活力和希望的光芒，在婚礼饰品中加入太阳花的设计，如耳环或手链，传递着对新婚生活充满活力和阳光的祝愿，也象征着夫妻共同努力，迎接美好未来。这些象征祝福和好运的珠宝，不仅在婚礼上璀璨夺目，更为新婚夫妇带来美好祝愿。每一件珠宝都承载着深刻的寓意，让婚礼更加意义非凡。选择这些宝石，不仅是对传统文化的尊重，更是对幸福未来的美好祈愿。

五、客人赠送的礼物

在婚礼仪式中，珠宝也成为亲友间礼物交流的一部分。新娘可能收到来自亲友的珠宝礼物，如项链、手镯或耳环等，作为对新婚生活的祝福。这些礼物不仅是情感的表达，也承载了亲友对新婚夫妻美好生活的祝愿。珠宝作为礼物有其独特的寓意。例如，一条珍珠项链可能象征着纯洁和幸福，一对钻石耳环可能代表着耀眼的未来。送礼人在挑选珠宝礼物时，通常会考虑到新娘的品位、个性以及婚礼的主题，力求选购一件既与新娘相称又有深意的礼物。

除了珠宝本身，礼物的包装和附上的赠言也显得尤为重要。精美的礼盒、华丽的包装纸，能够为珠宝增色不少。同时，一份诚挚而温馨的赠言，能够使礼物更富有情感。亲友通过这样的方式，传达对新婚夫妻美好生活的祝愿，使礼物更具意义。新娘在接受珠宝礼物时，通常会表达自己的喜悦和感激之情。在这一特殊时刻，礼物的接受也是一种仪式感的体现。有时，新娘可能会选择在婚礼当天佩戴亲友赠送的珠宝，使其成为整个仪式的一部分。作为回赠，新娘通常会选择送一份精致的礼物，以表示对亲友祝福的回馈。这可能是一份定制的小饰品，也可能是一张感谢卡，以表达对亲友在自己婚礼中的支持之情。

在婚礼中，赠送珠宝礼物不仅是亲友之间情感的传递，更是对美好未来的期许。这一过程中融入的深厚感情，使得珠宝不仅是华丽的装饰品，更是一段珍贵的人生故事的起点。

综上，珠宝在婚礼仪式中的角色不仅是装饰品，更是承载着爱情、承诺、传承和祝福的象征。其在婚礼中的独特地位，使得珠宝成为婚礼仪式中不可或缺的元素，为这一美好时刻增添了深刻的寓意和记忆。

第三节　世界各地的传统珠宝

世界各地的人们都有自己独特的传统珠宝。这些传统珠宝反映了不同文化、宗教和社会习俗的特点。以下是世界各地传统珠宝的一些例子：

一、亚洲传统珠宝

亚洲传统珠宝以其丰富多样的风格和独特的文化内涵而闻名于世。在这个广袤的地区，各国的珠宝文化各具特色，都展现了当地珠宝文化的深厚底蕴和独特魅力。以中国为例，中国的传统珠宝文化源远流长，早在古代，中国人就佩戴各种珠宝。这些珠宝不仅具有装饰作用，还象征着吉祥、富贵和幸福。

中国的传统珠宝文化可以追溯到数千年前。在古代，珠宝通常由贵族和富人佩戴，用以展示他们的地位和财富。珠宝也被视为一种神秘的符号，人们相信它们具有超自然的力量，可以保护佩戴者免受邪恶力量的侵害。

在中国古代，珠宝的种类繁多，包括玉佩、翡翠手镯、珍珠项链、金银饰品等。这些珠宝不仅具有精美的工艺和设计，还蕴含着丰富的文化内涵。玉佩是中国古代珠宝文化中最具代表性的作品之一。玉被视为一种具有神秘力量的宝石，被广泛用于制作各种装饰品。古代的玉佩通常是由玉石雕刻而成，形状各异，寓意吉祥、美好和幸福。玉佩在古代社会中备受推崇，被视为一种高贵的象征，只有贵族和富人才有资格佩戴。翡翠手镯也是中国古代珠宝文化中的经典之作。翡翠是一种珍贵的宝石，被广泛用于制作各种装饰品。翡翠手镯通常是由整块翡翠雕刻而成，工艺精湛，线条流畅。在古代社会中，翡翠手镯被视为爱情的象征，新婚夫妇佩戴翡翠手镯寓意永结同心、百年好合。珍珠项链是古代中国贵族女性喜爱的珠宝之一。珍珠是一种由贝类软体动物分泌的珍珠质形成的圆形或椭圆形珠子。珍珠项链通常是由多颗珍珠串联而成，珠光宝气，高贵典雅。在古代社会中，珍珠项链用来彰显财富和地位，只有贵族女性才能佩戴。金银饰品也是中国古代珠宝文化中不可或缺的一部分。金银被视为一种高贵的金属，被广泛用于制作各种装饰品。金银饰品通常是由金或银打造而成，工艺精湛，线条流畅。在古代社会中，金银饰品也被用来彰显财富和社会地位，只有贵族和富人才有资格佩戴。

除了以上珠宝类型外，中国古代的珠宝文化还涉及许多其他领域，如宝石镶嵌、雕花工艺、珐琅彩绘等。这些珠宝设计和制作技术不仅展示了中国古代工匠的精湛技艺和高超水平，也体现了中国古代人民对美的独特追求和对神秘力量的信仰。这些珠宝不仅具有极高的艺术价值和收藏价值，还蕴含着丰富的文化内涵和社会意义。通过了解这些珠宝的历史和文化背景，我们可以更好地了解中国古代社会的政治、经济和文化发展情况，以及人们对美好生活的追求和向往。

总之，亚洲传统珠宝以其丰富多样的风格和独特的文化内涵而备受人们的青睐。每个国家的珠宝文化都有自己独特的魅力，反映了不同民族和地域的文化传统和历史背景。

二、欧洲传统珠宝

欧洲传统珠宝以其精湛的工艺、贵重的材料和独特的设计风格而闻名于世。欧洲珠宝文化源远流长，漫长的欧洲中世纪，首饰服饰分化比较严重，在不同的阶层当中，首饰的质地和装饰都有区别。中世纪时期，首饰同样也体现一种地位等级，如有规定，钻石只有王公贵族才能佩戴。上层社会中常出现珠宝扇贝等首饰，胸针也是精致华丽，甚至连鞋子上都饰满了珠宝和金箔。到了中世纪后期，人们又重新开始追求美的风尚，宝石不仅应用于各种首饰的制作中，还大量出现在服装及腰带的装饰上。妇女的发饰变化繁多，用于发式上的首饰也很丰富，如覆盖在头上的发网由金丝编成，发网上还缀饰有美丽的宝石，显得豪华。胸针和饰扣也都是用金银材料加饰宝石制作而成。这时首饰已逐渐失去了它的宗教和神奇的护身符的意义，首饰成了单纯的装饰品。

文艺复兴时期，欧洲各国的首饰追求豪华，在服装上饰有金制玫瑰花数十朵，以红蓝宝石和珍珠镶嵌于花朵之间，衣领上也镶了色彩斑斓的宝石。项链的式样种类也很多，以金银镶嵌宝石的样式为多，有的项链上垂挂着小铃铛。女士首饰中金银的应用更为普遍，贵妇佩戴的首饰华丽典雅，镶有珍珠的金链缠在发髻上，金制的圆珠项链前垂吊着镶宝石的项坠。上层妇女中亦形成了以珠宝首饰显示财富、相互攀比的风气。人们竞相在珠宝首饰上投资，在帽式面纱上缀满珍珠宝石，用满是宝石的彩带束扎头发，连腰带上也缀满了宝石珍珠。到了文艺复兴鼎盛时期，人们的项链耳环等首饰的造型愈加宽大厚重，款式也愈加复杂，贵妇人几乎将自己淹没在金银珠宝饰品当中。

巴洛克时期，由于受到巴洛克艺术风格的影响，首饰上也明显有巴洛克风格的特点。其特点是铺张华丽，擅长表现各种强烈的感情色彩和无穷感。常采用富于动态感的造型元素，如曲线、斜线等。巴洛克时期工艺美术的风格特征可以概括为：强烈奔放、豪华壮观、奇特玄妙、大气磅礴，充满阳刚之气，注重大手笔的表现。洛可可艺术风格与巴洛克艺术风格最显著的差别就是，洛可可艺术一改巴洛克的奢华之风，更趋向一种精致而优雅。[①]

总之，欧洲传统珠宝以其精湛的工艺、贵重的材料和独特的设计风格而闻名于世。不同国家的珠宝文化都有其独特之处，反映了欧洲大陆丰富的历史和文化传统。

---

① 高芯蕊.中西方首饰文化之对比研究［D］.北京：中国地质大学，2006.

三、中东传统珠宝

中东地区的传统珠宝，以其丰富的历史、文化和宗教背景为依托，展现出一种独特而神秘的魅力。这些珠宝通常由黄金、银、宝石和珍珠制成，设计精巧、工艺精湛，富有浓厚的地域特色。其中最具代表性的就是头饰。在中东地区，头饰是一种覆盖整个头部或面部的华丽装饰品，代表着权力和地位。这些头饰通常由金、银、宝石和珍珠制成，呈现出一种极致的华丽和烦琐。比如，伊朗的"斯达拉加"头饰，就是一种非常华丽的头饰，它由金丝和宝石制成，形状各异，有的还镶嵌着珍珠和钻石。

除了头饰之外，中东传统珠宝还包括手镯、项链、耳环和戒指等。这些珠宝通常采用复杂的镶嵌工艺，将宝石和金属完美地结合在一起。其中，土耳其的"卡尼"珠宝是非常具有代表性的一个例子。这种珠宝由金银制成，上面镶嵌着各种宝石和珍珠，如红宝石、蓝宝石、祖母绿和钻石等，呈现出一种极致的华丽和精致。中东传统珠宝的设计风格通常是非常独特的，它们不仅注重装饰性，还融合了各种文化元素和宗教信仰。这些珠宝作品不仅具有极高的艺术价值，还反映了中东地区丰富的历史和文化传统。

总之，中东传统珠宝以其独特的风格、精湛的工艺和丰富的文化内涵而备受推崇。这些珠宝代表着权力和地位，同时也融合了各种文化元素和宗教信仰。无论是华丽的头饰还是精致的手镯、项链和耳环等，都展现了中东地区丰富的历史和文化底蕴。

四、美洲传统珠宝

美洲原住民的传统珠宝展现了独特的美学和工艺。这些珠宝通常由石头、贝壳、木头等自然材料制成，设计上注重对称和平衡。北美洲原住民的珠宝以工艺精细、造型独特著称。这些珠宝通常由铜、金、银等金属制成，上面刻有复杂的图案和纹饰。其中，纳瓦霍银饰以其精美的设计和独特的工艺而闻名于世。纳瓦霍银饰通常由银片、银条和银珠等组成，上面刻有动物、人物、神话故事等图案，充满了象征意义。此外，北美洲原住民的珠宝还常被视为部落身份的象征，佩戴者通过这些珠宝展示他们的地位和荣誉。

南美洲原住民的珠宝同样具有独特之处。例如，玛雅文明的珠宝以镶嵌工艺见长，将宝石镶嵌在金属基座上，形成精美而富有创意的作品。玛雅文明的珠宝通常由绿松石、翡翠、黑曜石等宝石制成，与金属结合后呈现出独特的视觉效果。此外，南美洲原住民的珠宝还常被用于宗教仪式和祭祀活动，成为信仰和神秘的象征。

中美洲原住民的珠宝同样具有独特的魅力。这些珠宝通常由石头、贝壳、木头等自然材料制成，设计上注重对称和平衡。中美洲原住民的珠宝通常被用于宗教仪式和祭祀活动，成为信仰和神秘的象征。例如，阿兹特克文明的珠宝以用色大胆鲜明、工艺精细著称。这些珠宝通常由贵重的金属和宝石制成，如金、银、翡翠等，造型独特且充满象征意义。在阿兹特克文明中，珠宝是地位和权力的象征，只有贵族和神职人员才能佩戴。此外，阿兹特克文明还采用了复杂的镶嵌工艺，将宝石和金属完美地结合在一起，创造出独具特色的珠宝作品。

美洲原住民的传统珠宝以其独特的材料、工艺和设计风格而著称。这些珠宝不仅是装饰品，还是文化和历史的载体。从北美洲的纳瓦霍银饰到南美洲的玛雅镶嵌工艺，再到中美洲的阿兹特克文明珠宝，都展现了美洲原住民丰富多样的文化内涵和艺术创造力。这些传统珠宝不仅为现代设计师提供了灵感来源，还让人们深入了解了美洲原住民的历史和文化传统。

以上是世界各地传统珠宝的例子，这些例子反映了不同文化、宗教和社会习俗的特点。从中我们可以看到，珠宝不仅是装饰品，还承载着丰富的文化、社会和象征意义。无论是中东的头饰、欧洲的王室珠宝、亚洲的传统珠宝还是美洲原住民的珠宝，它们都以其独特的形式和寓意向人们展示了不同文化的魅力和特色。珠宝作为一种跨越时空的艺术形式，不断地在历史的长河中流转和演变，同时也为我们提供了一个感知和理解不同文化的窗口。

第四节　名人、皇室与珠宝

在文化与社会中，名人和皇室成员常常成为珠宝的引领者和代言人。他们佩戴的珠宝不仅是装饰品，更是一种象征和影响力的体现。这一节将深入探讨名人、皇室与珠宝之间的关系，以及他们对于珠宝文化的影响。

一、名人与珠宝

名人在时尚舞台上扮演着重要的角色，他们的穿着和配饰往往引领着潮流，珠宝作为重要的时尚配饰，成为名人们表达个性和品位的重要方式。许多名人成为珠宝品牌的代言人，这不仅是商业合作，更是一种对设计理念的传递。名人将品牌的独特设计与自身独特的风格相结合，为品牌树立独特的形象。通过名人的代言，品牌珠宝不仅是一种商品，更是与名人个性和风格的结合，为消费者提供了更具故事性的购物体验。

红毯上的珠宝造型常常成为媒体和观众关注的焦点。各种奢华、独特的设计吸引着人们的眼球，也为珠宝品牌赢得了巨大的曝光机会。这些璀璨夺目的珠宝造型成为时尚产业中的标杆，激发了更广泛的设计灵感。名人选择的珠宝往往折射出其个性和独特的风格。例如，某位名人选择佩戴特定的宝石可能是为了呼应其出生石或象征特定的意义。这种个性化的选择使得珠宝不再是简单的装饰，而是成为名人故事的一部分。名人通过这些个性化的珠宝选择，向粉丝传递着更深层次的情感和价值观。在名人的引领下，珠宝不再只是奢侈品的象征，更是一种个性、品位和故事的表达方式。名人通过与珠宝的互动，为时尚界注入了更多的创意和灵感，使得珠宝在社会中的地位更加独特而多样。

二、皇室与珠宝

皇室的珠宝是一份承载着丰富历史和文化底蕴的珍贵遗产。皇室的珠宝代代相传，每一件珠宝都承载着特定的历史事件和家族故事。这些珠宝往往是由名匠手工打造，采用极为珍贵的宝石和金属制成。例如，英国女王的王冠就是代代相传的皇室传世之作，它见证了皇室的传承。皇室珠宝不仅是装饰品，更是国家权力和尊严的象征。这些珠宝在正式场合中被佩戴，如加冕仪式和重要国事活动，彰显了皇室的统治权威，也象征着对国家的责任和承诺。

皇室珠宝常常具有独特而精湛的设计。格拉夫钻石等著名宝石以其卓越的品质和独特的历史而著称。这些传世之作不仅在珠宝设计上匠心独运，更是皇室家族历史的见证者。这些宝石的设计和制作往往需要花费数年，甚至数十年的时间，以确保其完美无缺。总体而言，皇室珠宝是历史和文化的载体，承载着一个国家的光荣和传统。这些珠宝的独特之处不仅在于其华丽的外表，更在于其背后蕴含的深刻意义和传奇故事。通过这些珠宝，人们得以一窥皇室的辉煌历史，感受文化传承的深厚底蕴。

三、影响与启示

名人和皇室成员在选择和佩戴珠宝方面的决策不仅会对时尚等领域产生深远影响，同时也为社会带来更广泛的启示。他们的珠宝选择不仅是一场华丽的时尚表演，更是一种文化和历史的传承。通过选择特定的珠宝或设计风格，他们展现出对于珠宝的独特理解和个性的追求。这种独特性激发了社会对于珠宝多样性的欣赏，使其不再仅仅是一种装饰品，更是个性的表达工具。

名人和皇室的影响力使得珠宝不再局限于只是一种时尚单品，更成为连接文化、时尚和个性的桥梁。这种影响力在启发人们更好地理解和体验珠宝的同时，也推动了珠宝行业的创新和发展。通过名人和皇室成员的珠宝选择，人们不仅看到了奢华和美丽，更领略到了背后的故事和文化内涵。这一切使得珠宝在文化与社会中扮演了更为重要且多元化的角色。

第五章
珠宝的艺术风格与设计

珠宝艺术，作为人类文化的精粹之一，承载着丰富多彩的历史与传统。本章将深入探讨不同文化下的珠宝风格、珠宝设计的演变与流行趋势，以及珠宝设计师与工匠在这个创意领域中不可或缺的作用，我们还将一同探索一系列著名的珠宝设计与品牌，揭示它们背后的故事与独特之处。通过这一章的探讨，期望为读者呈现一幅珠宝艺术的绚烂画卷，让我们一同追溯光辉的历史，感知不同文化的珠宝之美。

第一节　不同文化下的珠宝风格

珠宝风格受到不同文化的深刻影响，在全球范围内呈现出多样性。以下是几种不同文化下的珠宝风格的详细介绍：

一、中国文化下的珠宝风格

中国文化下的珠宝风格展现出深厚的历史底蕴和独特的艺术魅力。自古以来，中国的珠宝制作一直追求精湛的工艺和细腻的线条，以及富有象征意义的设计。这些传统元素和风格在中国的珠宝设计中得到了充分的体现。首先，中国的珠宝设计通常注重和谐与平衡，这源于中国传统的哲学观念，在设计中体现出阴阳五行、天人合一的思想。例如，在中国的传统珠宝中，常常可以看到和谐的图案和精致的细节，如龙凤呈祥、花开富贵等寓意吉祥的题材。这种和谐的设计体现了中国人追求内外兼修、生活和谐的生活哲学。

其次，中国的珠宝风格强调寓意和象征意义。中国的珠宝设计师善于运用各种元素，如龙、凤、鱼、鹤等动物形象，以及梅、兰、竹、菊等植物花卉，来传达吉祥、祝福和修身的寓意。这些元素被巧妙地融入珠宝设计中，使每一件作品都蕴含着丰富的文化内涵和独特的艺术风格。此外，中国的珠宝风格还表现在材料的选择和搭配上。中国的珠宝设计师善于运用各种材料，如黄金、白银、玉石、珍珠、玛瑙等，来表现珠宝的华贵和优雅。同时，他们还善于运用不同材料的搭配和组合，创造出独特的视觉效果和艺术风格。例如，金与玉的巧妙搭配既突显了贵金属的奢华感，又突显了玉石的典雅，体现了中国传统审美的独特魅力。

在中国古代文化中，佩戴珠宝不仅是一种装饰，更是一种身份和地位的象征。因此，中国古代的珠宝设计常常会考虑佩戴者的身份和地位，以及他们所处的社会环境。例如，在古代中国，皇后的凤冠以及贵族的金银饰品都是一种权力和地位的象征。这些珠宝的设计和制作都体现了高贵、庄重的特点。同时，中国的珠宝风格也受到地域和民族文化的影响。不同地区的珠宝设计有着各自的特点和风格，如南方的细腻柔美、北方的粗犷豪放、西部的神秘古朴等。这些差异反映了不同地区人们对美的理解和追求的不同。

在现代中国，随着社会的进步和科技的发展，珠宝的设计和制作也融入了更多的创新元素。设计师们不仅继承了传统的工艺和设计理念，还不断探索新的表现手法和材料运用，将现代元素与传统元素巧妙地结合在一起，创造出既具有传统文化底蕴又具有现代感的珠宝作品。

总之，中国传统文化下的珠宝风格具有独特的艺术魅力和文化内涵。它不仅是一种装饰品，更是一种文化符号。中国的珠宝设计师们在继承传统的同时，也不断创新和发展，为世界珠宝设计注入了新的活力和灵感。

二、埃及文化下的珠宝风格

埃及珠宝以其独特的文化传统和深厚的历史渊源而备受瞩目。这些珠宝作品承载着古老的文明和神秘的设计，反映了古埃及人对宗教、神话和自然的深刻理解。在埃及文化下，金银饰品和宝石具有独特的地位，而金色和蓝色等传统颜色则在这些珠宝中占有重要地位。古埃及作为世界上最早的文明之一，其珠宝传统承载着漫长的历史。这些珠宝作品不仅是装饰品，更是对古埃及文明的生动记录。在这些作品中，人们可以看到对古代建筑、法老和其他符号的生动刻画，这些元素融入珠宝设计中，使每一件作品都成为一幅微缩的历史画卷。

金色在埃及传统珠宝中是至关重要的颜色。在古埃及文化中，金属被视为与神圣和永恒相联系的材料，因此黄金常被用于制作珠宝，以展现其辉煌和神圣的一面。金色的珠宝不仅是装饰品，更是法老的权力和神圣地位的象征。蓝色在古埃及文化中与尼罗河的水和天空相联系，被视为生命、宇宙和众生的象征。因此，蓝色的珠宝常常承载着深邃的哲学内涵，使佩戴者感受到与自然和宇宙的紧密联系。埃及传统珠宝的设计常常围绕着古埃及的神话和宗教信仰展开，图腾、太阳神阿蒙、荷鲁斯之眼等元素是常见的主题，这些符号代表着生命、保护和祝福。通过这些设计，古埃及人将自己深深植根于神秘的宗教信仰中，使珠宝不仅是外在的华美装饰，更是对神圣力量的崇敬和表达。

埃及传统珠宝的制作注重精湛的工艺和技术。金银饰品的雕刻、镶嵌和打磨工艺经过世代传承得以保留。这些工艺赋予了珠宝以细腻的质感和华丽的外观，使其在世界范围内备受珍视。在古埃及社会中，珠宝不仅是装饰品，更是社会地位和身份的象征。法老和贵族阶层的人们常常佩戴华丽的珠宝，以彰显他们的地位和权力。这使得珠宝不仅是个人的饰品，更是社会结构和文化体系的一部分。

综上，埃及传统珠宝以其古老的文明、神秘的设计和深刻的文化内涵而独具魅力。每一件珠宝作品都是对古代文明的致敬，是艺术、宗教和生活的完美融合。这些珠宝承载着埃及人的智慧、信仰和对自然的敬畏，为世界提供了一扇窥探古埃及文明的窗口。

三、土耳其文化下的珠宝风格

土耳其传统珠宝融合了伊斯兰、拜占庭和奥斯曼文化元素的风格。这种珠宝风格不仅反映了土耳其丰富的历史和文化传统，还展示了土耳其人对艺术和手工技艺的不懈追求。在土耳其传统文化下，珠宝不仅是装饰品，更是一种表达文化身份和审美理念的方式。土耳其传统珠宝的独特之处在于其对多元文化的融合，这种文化的融合赋予了土耳其珠宝深厚的历史内涵和独特的审美风格。

传统的土耳其首饰通常采用黄金制成，体现了土耳其人对黄金的崇拜。黄金的华丽和光泽为土耳其珠宝赋予了独特的奢华感，使其成为身份和社会地位的象征。在土耳其传统珠宝中，蓝色是一种常见而重要的颜色。贝壳、蓝宝石或蓝色琥珀等材料常被用于装点黄金制品，赋予珠宝更为瑰丽的外观。蓝色在土耳其传统文化中被视为幸运和神圣的颜色，与天空和大海相联系，因此在珠宝中运用蓝色更显得富有诗意和宗教感。土耳其珠宝的设计常常充满花纹和几何图案，这反映了土耳其建筑和艺术中的独特风格。这些图案不仅仅是装饰，更是对传统手工技艺和艺术审美的表达。花纹和几何图案的复杂性展示了土耳其珠宝师傅高超的技艺和对细节的极致追求。

土耳其的珠宝设计注重华丽和独特性。每一件土耳其珠宝都展现出设计师对艺术的热爱和卓越的手工技艺。华丽的装饰和独特的设计使得土耳其珠宝在世界范围内备受瞩目，成为珠宝艺术的杰出代表之一。土耳其传统珠宝以其细致的手工技艺而著称。每一件珠宝作品都经过精细的雕刻、镶嵌和打磨，体现出工匠们对艺术的深刻理解和对手工技艺的精益求精。这种手工技艺不仅赋予了珠宝以卓越的质感，也为每一件作品注入了生命和独特性。在土耳其社会中，珠宝不仅是一种装饰，更是文化、信仰和传统的重要组成部分。土耳其人常常通过佩戴珠宝来表达他们对宗教和文化的热爱，以及对家庭和社会地位的尊重。因此，每一件土耳其珠宝都承载着深厚的社会文化内涵。

综上，土耳其传统珠宝以其文化的多元融合、贵金属的选择、独特的设计元素和精湛的手工技艺而独具魅力。每一件作品都是对土耳其文化和历史的生动表达，使得土耳其珠宝在国际珠宝舞台上独树一帜，成为引领时尚和传统相结合的典范。

四、俄罗斯文化下的珠宝风格

俄罗斯文化下的珠宝风格源远流长，展现出独特的艺术特色和历史积淀。传统的俄罗斯珠宝在材质、图案和主题上都表现出对宗教、历史和文化的深刻理解和尊重。

首先，俄罗斯传统珠宝的材质以黄金为主。黄金在俄罗斯文化中被视为贵重而崇高的象征，它体现了财富、荣耀和尊严。黄金的运用使得俄罗斯珠宝在光辉中闪烁，散发出独特的贵族气息。同时，珠宝常常搭配宝石，如红宝石和翡翠，以增加色彩的层次感和鲜明度。这些宝石不仅为珠宝注入了生机，也在文化层面上承载着非凡的意义。

其次，俄罗斯传统珠宝设计中常见的元素包括教堂和宗教图腾，这些元素赋予了珠宝更深刻的宗教意义，反映了俄罗斯文化中对信仰的崇敬。教堂元素常常以精致的雕刻和立体感的设计呈现，为珠宝注入了庄严和神圣的元素。而宗教图腾的运用则让珠宝更具独特的文化印记，传达了对祖先和传统的敬仰。俄罗斯的珠宝设计注重对传统和历史的尊重，展现了古老而典雅的风格。这种设计风格在每一件珠宝中都透露着浓厚的历史积淀，仿佛是一本记录着岁月故事的文化笔记。传统图案如十字架、羊毛涡纹等常见于俄罗斯珠宝的设计中，这些图案传承着古老的艺术传统，为每一件珠宝赋予了深厚的文化内涵。

再次，俄罗斯珠宝设计的独特之处还在于其对色彩的运用。俄罗斯气候寒冷，这在珠宝设计中反映为对冷色调的偏好，如蓝色和翠绿色。这些色彩不仅与自然风光相呼应，同时也为珠宝注入了清新、纯净的感觉。这种对色彩的巧妙运用使得俄罗斯珠宝在视觉上更加引人入胜。

总的来说，俄罗斯文化下的珠宝风格承载着深厚的历史、宗教和文化内涵。通过黄金、宝石、教堂元素等的融合，俄罗斯珠宝展现了古老而典雅的艺术风格，为人们呈现了一幅富有神秘感和浓情厚谊的文化画卷。这种传统与现代的结合，使得俄罗斯珠宝在世界珠宝舞台上独树一帜。

五、巴西文化下的珠宝风格

巴西的珠宝设计展现了这个国家独特的文化和自然特色，充满了热情、活力和丰富的色彩。这种设计风格深受巴西多元文化和丰富的宝石资源的影响，反映了这个国家独有的艺术氛围。首先，巴西的宝石产量丰富，其中一些宝石具有特殊地域特色。祖母绿、水晶和蓝宝石等宝石在巴西广泛分布，为珠宝设计提供了丰富的原材料。祖母绿以其深绿的颜色和独特的纹理备受青睐，常常用于打造典雅而富有层次感的首饰；水晶以其通透的特性为设计带来清新透明的感觉；蓝宝石赋予了巴西珠宝以神秘和深邃的气息。

其次，巴西珠宝设计中常见的元素包括热带植物、动物的形象。这些元素反映了巴西丰富的自然景观和多元的文化传统。热带植物如棕榈树、芭蕉树等经常出现在巴西珠宝的设计中，为首饰注入了生机勃勃的自然元素。动物图案如豹子、巨蟒等，赋予珠宝以野性和力量的感觉。

巴西的珠宝设计强调色彩的丰富和生命力的旺盛。巴西地域广阔，属热带气候，这也在其珠宝设计中得以体现。常见的色彩包括明亮的绿色、蓝色、橙色等，这些颜色反映了巴西的热带气候和丰富的植被。这些丰富的色彩让巴西珠宝在国际市场上独具一格，成为吸引眼球的焦点。

在技术层面上，巴西的珠宝设计师通常注重手工艺的传承和创新。手工艺被广泛应用于雕刻、镶嵌和打磨等方面，使得每一件巴西珠宝都具有独特的质感和工艺价值。设计师们常常以本土文化为灵感，将传统工艺与现代审美相结合，创造出融合了古老传统和现代时尚的独特风格。

综上，巴西的珠宝设计以其独特的文化元素、丰富的宝石资源和热情奔放的风格，展现了这个国家多元而充满活力的艺术氛围。通过对自然、文化和信仰的情感表达，巴西珠宝不仅令人赏心悦目，更传递着这个国家独有的情感和精神。

不同文化中的珠宝不仅是装饰品，更是对各自文化中深厚历史、信仰和审美观念的生动表达，共同勾勒出一幅丰富多彩的文化画卷。这些设计体现了人们对美的独特理解，以及对传统价值和独创性的尊重。珠宝在其中既是审美的表达工具，也是文化传承的载体。通过每一件珠宝作品，我们得以窥见不同文化的独特风貌，感受历史的积淀和信仰的深刻内涵。多元而丰富的风貌，为全球的珠宝设计注入了深邃的文化内涵。

第二节　珠宝设计的演变与流行趋势

一、融合传统与现代

近年来，珠宝设计领域经历了一场富有创意和活力的变革，融合传统元素与现代审美成为设计师们追求的独特风格。这一趋势既吸收传统工艺的精髓，又在设计中引入了时尚的创新元素，形成了一种独特而引人注目的设计语言。在融合的潮流中，设计师们巧妙地将传统元素进行现代演绎，以适应当代消费者的审美需求。传统的金属工艺，如黄金铸造和银饰制造技艺，被赋予了新的生命。设计师在传统的基础上加入了更为现代的设计元素，使得传统工艺散发出当代气息。

几何图案作为现代设计的代表之一，被广泛运用在传统珠宝设计中。设计师们通过巧妙的排列和组合，将传统的宝石镶嵌或金属雕刻融入几何形状中，创造出富有现代感的作品。这种设计不仅突显了传统工艺的精湛，还展现了对现代简约美学的追求。传统珠宝设计中的雕刻和图案常常以复杂精致为主，但现代融合趋势注重在细节中呈现独特性。设计师们通过引入独特的雕刻手法，创造出抽象、富有层次感的图案。这种设计风格既保留了传统的精湛工艺，又突显了作品的现代个性。

融合传统与现代的设计还表现在对材料的创新运用上。设计师们将传统的贵金属搭配现代材料，如陶瓷、塑料等，创造出轻盈而富有层次感的珠宝。这种对材料的大胆组合既突破了对于材质的传统限制，又提供了更多元化的选择。融合趋势也表现在对时尚元素的引入上。一些品牌在传统的首饰设计中融入了时尚的元素，如新潮的色彩搭配、时尚的设计元素等，这使得传统珠宝在外观上更加符合当代时尚潮流，吸引了更广泛的消费者。

融合传统与现代的趋势还体现在定制化和个性化设计的兴起。现代消费者追求独特性，设计师们通过理解顾客的需求，创造出专属于个体的首饰作品。这种定制化的设计既尊重传统工艺，又满足了当代人对于个性化的追求。

总体而言，融合传统与现代的设计趋势使得珠宝领域呈现出更加多元、富有创意的面貌。设计师们通过将传统工艺与现代审美相结合，创造出一系列独特、引人入胜的作品，推动了整个行业的发展。

二、可持续与环保设计

随着全球对可持续性和环保的关注逐渐升温，珠宝设计领域也在积极响应这场绿色革命。设计师们开始深入思考材料选择和制作工艺，以确保其作品符合环保标准，为地球贡献一份力量。再生金属作为可持续发展的重要组成部分，逐渐成为珠宝设计的首选材料之一。设计师们转向使用再生金属，如再生黄金、白金等，以减少对有限自然资源的开采压力。这种做法不仅有助于环境保护，还传递出珠宝品牌对可持续发展的承诺。

环保设计还要求对采矿方式深思熟虑。一些设计师选择使用可追溯的宝石，这意味着宝石的采矿过程是经过严格监管的。这种做法不仅保护了自然环境，也确保了从业人员在安全的条件下工作。环保设计不仅关注材料的选择，还关注整个制作过程的环保性。一些珠宝品牌采用更为环保的生产工艺，减少了能源消耗和废弃物的产生，比如使用可再生能源、减少化学品使用等举措，以降低对环境的负面影响。

环保设计不仅是珠宝制作过程的一部分，也是珠宝品牌与消费者互动的重要组成部分。越来越多的珠宝品牌通过透明的信息传递，向消费者展示他们在环保方面的努力。这种透明度帮助消费者做出更为环保的购买决策，形成了可持续发展的良性循环。环保设计的兴起正在逐渐激发整个珠宝产业的变革。厂商、设计师和消费者共同努力，推动产业向更加可持续和环保的方向发展。这种变革不仅在材料和制作工艺上进行创新，也影响到行业标准和规范的制定，推动整个产业朝着更为可持续的未来迈进。

总的来说，可持续与环保设计不仅是一场新的设计潮流，更是珠宝业对于社会责任和全球环境问题的积极回应。通过创新、意识唤醒和产业变革，环保设计正逐渐成为珠宝业持续发展的重要动力。

三、个性化定制

珠宝行业正在迎来一场个性化定制的狂潮，这不仅是一场为消费者打造独一无二首饰的艺术盛宴，更是一种市场趋势。在这个黄金时代，个性化定制不仅是一项服务，更是一种表达个性、传达情感的方式。个性化定制的兴起与消费者对独特性和个性化的追求息息相关。在过去，珠宝选择相对有限，而如今，越来越多的消费者希望拥有与众不同的首饰，这种个性的追求催生了个性化定制的巨大市场。

个性化定制的核心在于深入了解客户，从而为其打造独特而贴心的珠宝作品。设计师通过与客户的沟通，了解他们的品位、喜好、人生故事，甚至是一些特殊的情感纽带，这种深度互动使得定制的珠宝更具有情感共鸣，成为一段珍贵的回忆。个性化定制在婚礼领域尤为热门。订婚戒指的定制成为许多情侣的选择，他们希望通过独特的设计表达对彼此的爱意。从选择宝石的颜色、形状，到雕刻特殊的纹理或名字，每一环节都是为了使这个珠宝真正属于这对特殊的情侣。

对设计师而言，个性化定制不仅是服务的提升，更是创作空间的巨大拓展。他们不再受限于市场的普遍需求，而是可以在每一个项目中展现独特的设计语言。这不仅为设计师带来了更多的创意乐趣，也推动了整个行业设计水平的提升。越来越多的珠宝品牌将个性化定制服务作为品牌的核心价值之一。通过提供个性化的设计体验，珠宝品牌能够建立更紧密的客户关系，为客户留下更为深刻的品牌印象。在激烈的市场竞争中，个性化定制成为珠宝品牌区别于其他竞争对手的独特标志。

随着数字技术的发展，个性化定制变得更加精细和高效。计算机辅助设计和三维打印技术使得设计师能够更准确地呈现客户的想法，并在短时间内完成作品的制作，这不仅提高了生产效率，也增强了客户参与设计的体验感。在个性化定制的潮流中，珠宝不再仅仅是一种装饰品，更成为承载着独特故事和情感的艺术品。这场定制的盛宴为消费者提供了更多选择，也为设计师带来了更广阔的创作天地。

四、技术与创新

珠宝设计领域正迎来数字时代的全面革新，先进技术的广泛应用为设计师提供了前所未有的创作自由，提高了其生产效率。在数字化的浪潮中，计算机辅助设计和三维打印等技术正在成为设计师们的得力助手，彻底改变了传统珠宝设计的模式。计算机辅助设计技术的崛起为设计师提供了一个强大的工具，使得他们能够在数字平台上进行精准而灵活的创作。通过计算机辅助设计软件，设计师能够快速创建、修改和展示珠宝的设计图稿，无须依赖传统的手绘或模型制作。这种数字化的设计过程不仅提高了效率，还使得设计的复杂度和精细度得以提升。

三维打印技术的广泛应用为珠宝行业带来了革命性的变化。设计师可以通过三维打印将数字设计迅速转化为实体模型，为客户提供更直观、触手可及的感知体验。这一技术使得珠宝的制作更为精细，尤其是那些复杂结构和精致雕刻的作品。同时，三维打印也降低了制作周期，使得设计师能够更灵活地应对市场的需求变化。虚拟现实（VR）技术为设计师提供了一个全新的创作空间。通过虚拟现实技术，设计师可以将自己置身于一个虚拟的设计环境中，观察和修改设计，感受设计的立体效果。这种身临其境的体验使得设计师能够更直观地感知自己的创意，为设计带来更多的可能性。

数字技术的发展也推动了个性化定制服务的实践。通过计算机辅助设计和三维打印，设计师能够更好地与客户进行互动，根据客户的需求快速调整设计方案，并打印出实物模型展示给客户。这种数字化定制的方式不仅提升了设计的个性化程度，也增加了客户参与设计过程的乐趣。虽然数字技术为珠宝设计师带来了巨大的机遇，但也使其面临一些挑战。挑战之一是技术的更新换代速度较快，设计师需要不断学习新技术，以保持创新的能力。此外，数字化也带来了知识产权和设计独创性等方面的问题，需要在法律和伦理层面进行更好的规范。

珠宝设计的数字时代已悄然而至，技术的不断创新为设计师们开辟了更加广阔的创作空间。数字化工具的运用不仅提高了效率，更为设计注入了更多的可能性，使得每一件珠宝作品都成为数字艺术的杰出代表。

五、文化融合与多元化

在全球化的时代，珠宝设计逐渐成为文化融合和多元化的代表，设计师们秉持开放心态，吸纳世界各地的灵感，创造出融合不同文化元素的作品。这一趋势不仅丰富了珠宝设计语言，也为珠宝业注入了更为多元的创意。设计师通过融合各种文化的传统图案，创造出富有独特风格的珠宝作品。例如，在设计中加入东方传统的花卉纹样或西方的几何元素，形成新的图案。

这种文化融合不仅为设计增色，还为佩戴者提供了更多的审美选择。

不同文化对颜色有着独特的理解，设计师巧妙地运用这些元素，创造出丰富多彩的珠宝作品。例如，一些珠宝作品可能融合了印度传统的锡兰蓝和中国红，形成独特的色调。这样的设计既尊重了各自文化的色彩传统，也展现了全新的审美。每个文化都有其独特的传说和故事，设计师通过挖掘这些故事，将其融入珠宝设计中，不仅为作品赋予了深厚的文化内涵，也使得佩戴者能够与设计产生更为深刻的情感共鸣。这样的设计超越了简单的装饰，更是一种文化的传承和表达。

全球化使得人们对美的定义变得更加开放和多元，设计师们不再受限于传统审美框架，而是更愿意在设计中融入各种国际化的元素。这样的设计既能吸引全球不同文化背景的消费者，也在一定程度上促进了文化的交流与理解。文化融合和多元化设计体现了一种包容性的理念，使得珠宝作品能够被更广泛的群体所接受和喜爱。这不仅为设计师创作提供了更大的市场，也在一定程度上促进了不同文化之间的和谐共生。

文化融合与多元化不仅在珠宝设计中展现着独特魅力，更为全球构建了一个更为多元、开放的审美共同体。在这一设计理念的推动下，珠宝作品正成为连接不同文化、传达共同价值的桥梁。

综上，珠宝设计的演变与流行趋势呈现出多元特征，这些趋势不仅反映了设计师的创新精神和对环保的关切，也满足了消费者个性化和独特性的需求。随着技术的不断进步和社交媒体的持续影响，珠宝设计的表达和传播方式也发生了深刻变革，使得珠宝行业更加开放、多样。这一时代性的转变不仅丰富了市场选择，也为珠宝行业注入了新的活力，促使设计者更加敏锐地捕捉潮流，不断推陈出新，为珠宝艺术注入更为丰富的内涵。

第三节　珠宝设计师与工匠的作用

一、创意与设计

　　珠宝设计师作为珠宝创作的灵感引擎，承担着将抽象的美学理念转变为具体珠宝作品的责任。他们的创意和设计不仅是整个制作过程的起点，更是决定珠宝作品命运的关键一环。珠宝设计的创意过程始于设计师丰富的想象力，能够超越常规、挑战传统是设计师的独特素养。他们的审美观念既受传统文化熏陶，又深受当代潮流影响，形成了独特而前卫的设计语言。设计师可以运用多种手法表达其创意。手绘是传统而直观的方式，通过画笔勾勒出设计的轮廓，展现出设计师的个人风格；三维建模技术使设计更为立体、真实，为设计师提供了更多试验和修改的空间；计算机辅助设计软件可将创意转变为数字化的设计图，提高了效率和精确度。

　　设计师需要将脑海中的抽象概念转化为具体的设计图，这个过程涉及对珠宝的整体外观、形状以及装饰元素的构思和规划。通过精湛的绘画技巧或是计算机辅助设计软件，设计师能够将想法具体呈现出来，并在此基础上进行深入的设计讨论。设计师不仅是技术的使用者，更是艺术的创造者。他们为作品注入独特的艺术氛围，通过对形状、线条和比例的巧妙运用，为珠宝赋予灵魂。设计师的审美选择直接决定了珠宝作品的艺术性，也在一定程度上影响着珠宝作品的市场吸引力。

　　设计师的创意决定了珠宝作品的最终风格，无论是经典的、复古的，还是时尚的、前卫的，都源自设计师独特的审美眼光。而这种个性化的设计使得珠宝作品在市场上脱颖而出，吸引了更广泛的消费者关注。珠宝设计师所贡献的创意和设计不仅是一种技术活动，更是一场对美的探索之旅。他们挑战着传统，拓展着审美的边界，为整个珠宝行业注入了源源不断的活力。

二、工艺与技术

珠宝工匠是珠宝设计的实现者，他们在整个制作过程中扮演着不可或缺的角色。工匠必须精通多种工艺与技术，以确保制作的珠宝能够如设计师所设想的那样达到艺术的巅峰。工匠的技艺需要涵盖多个领域，金属铸造是其中之一，通过将金属熔化并注入模具，工匠可以塑造出各种形状。切割技术则是精细的工艺，需要高超的技术来保证宝石和金属能够完美结合。雕刻和镶嵌是赋予珠宝独特外观的关键步骤，需要工匠具备极大的耐心和高超的技术。

工匠处理的材料往往十分珍贵，包括黄金、白金、钻石等。他们必须了解不同材料的性质，熟悉不同材料的加工特点，以确保在制作过程中不损坏原材料的质地和价值。这对于黄金、白金等贵金属的加工尤为关键，因为这些材料的质地和光泽直接关系到珠宝的最终品质。工匠需要运用各种专业工具，从简单的锤子和切割机到复杂的雕刻刀具，将设计师的抽象构想变为实际可佩戴的珠宝作品。这其中涉及对工具的熟练掌握，以及对每一个步骤的精准操作，确保最终的珠宝作品符合设计的要求。

工匠的技术娴熟程度直接关系到珠宝的质量和细节之美。高超的技术意味着更精湛的工艺、更细腻的雕刻、更精准的切割，从而保证珠宝作品在各个方面都能达到最高水平。精湛的工艺也是区分普通珠宝和艺术品级珠宝的关键之一。拥有黄金之手的珠宝工匠，是珠宝行业中至关重要的一支力量。他们通过对工艺技术的深刻理解和熟练运用，将设计师的梦想变为真实可见的艺术珠宝，为整个行业的繁荣发展贡献着无可替代的力量。

三、传承与创新

在珠宝领域，传承与创新是两个并存且相辅相成的元素。一方面，一些企业强调家族传统，运用沿袭数代的工艺，这种传统的延续为他们赋予了独特的历史价值。另一方面，独立设计师更注重创新，通过前卫的设计理念、材料运用以及工艺手法，引领着珠宝设计发展的前沿。传承与创新的并存，共同塑造了珠宝行业多样而繁荣的格局。

在珠宝行业，一些企业承载着丰富的家族传统。这些传统不仅表现在工艺技术上，更体现在设计理念和审美观上。这样的传承使得这些企业生产的珠宝作品具有独特的历史价值，成为消费者追捧的对象。传统的制作工艺，如手工雕刻、镶嵌等，体现了技艺的高超，使得每一件珠宝作品都成为一件独特的艺术品。

与此同时，独立设计师在珠宝设计领域崭露头角，他们通过前卫的设计理念、新颖的材料运用以及独特的工艺手法，打破传统界限，定义出全新的艺术风格。这些设计师注重在每一件珠宝作品中表达自己的独特观点，通过首饰传递更为个性化的情感和故事，吸引了追求独特与前卫的消费者。

珠宝行业中，传承与创新不是对立的关系。一些家族企业也在传承中融入创新元素，通过与当代设计师合作，引入新的设计理念和工艺手法。这种融合创造了既具有历史传统感又富有现代时尚气息的珠宝作品，满足了不同消费者的需求。

传承与创新并存塑造了珠宝行业多样而繁荣的格局。这种多样性既来自传统珠宝企业的历史底蕴，也源于独立设计师的前卫创新。不同的风格、不同的设计理念共同构成了一个丰富多彩的珠宝市场，满足了不同消费者对珠宝的不同需求。未来，随着科技的发展，先进的制作工艺和材料将进一步丰富珠宝设计的可能性。同时，对可持续性的关注也将推动珠宝行业朝着更环保、更具社会责任的方向发展。传统与现代的结合将创造出更引人注目和更有内涵的珠宝设计，为这个古老的行业注入新的活力。

四、沟通与理解

在珠宝制作的过程中，设计师和工匠之间的密切沟通与相互理解是制作卓越珠宝的关键。这一紧密的合作关系需要双方共同努力，以确保设计理念得以准确传达，并在实际制作中得以体现。设计师的首要任务是清晰而详细地传达自己的创意和期望。这包括对设计理念、形状、材料和装饰元素的准确定义。通过图纸、模型或计算机辅助设计软件，设计师能够将抽象的概念具体呈现，但关键在于工匠能够准确理解并诠释。

工匠在接收到设计师的信息后，需要对设计进行深刻的理解，并通过精湛的工艺将设计呈现出来。这涉及对材料的熟悉程度、对工艺技术的熟练运用以及对设计细节的关注。工匠的理解力和手工技艺决定了作品最终的质量和美感。在合作过程中，问题和挑战在所难免。设计师和工匠需要建立起开放的沟通渠道，以共同探讨并解决可能出现的问题。这要求双方能够平等地表达自己的观点，并在问题解决中达成一致。

沟通不是一次性的，而是需要实时反馈与交流。设计师应该在制作的不同阶段与工匠进行沟通，了解进展并提供反馈。工匠也应该提出建议或调整方案，以确保最终作品既满足设计标准，又具备制作的可行性。设计师和工匠在不同的专业领域拥有独特的知识和技能。在合作过程中，双方都应该尊重对方的专业领域，倾听对方的建议，并在各自擅长的领域发挥优势。这种相互尊重有助于建立起更加融洽的合作氛围。设计师和工匠之间建立默契是制作卓越珠宝的基石。通过清晰地传达创意、相互理解和尊重各自专业领域，设计师和工匠能够形成默契的工作关系，共同创作出令人惊叹的珠宝作品。这种默契不仅促使设计得以最大限度地呈现，也能够确保实际制作的可行性。

五、材料的了解与选择

在珠宝设计与制作的过程中，材料的了解与选择是设计师和工匠共同面临的关键任务。深入了解各类宝石和金属的特性，从颜色、透明度到硬度、延展性，有助于制定明智的设计方案，确保最终的珠宝作品在外观和实用性上达到最佳状态。宝石的颜色和透明度对珠宝最终的外观有着深远影响。设计师需要了解每种宝石的天然颜色范围以及透明度的变化，以便在创作中选择宝石，使其颜色和透明度与设计意图相符。

宝石的硬度直接影响其在首饰中的耐久性。例如，钻石是一种硬度极高的宝石，适合制作经久耐用的首饰；对于较为柔软的宝石，如珍珠，可能需要更谨慎地设计，以防止划痕或损坏。宝石的切割形式和形状决定了其在光线下的表现。设计师需要了解不同切割形式对光线的反射和折射效果，以选择最能突显宝石美感的切割形式。黄金、白金等金属的颜色和纯度直接关系到珠宝的外观，设计师需要了解不同金属的色调变化，以及纯度对颜色的影响，从而根据设计需求做出合适的选择。金属的硬度和延展性影响着首饰的造型和耐久性，设计师需要了解不同金属的特性，以确保设计不仅外观精美，而且结构稳固。随着大众环保意识的提高，设计师需要考虑金属的可持续性，选择再生金属或采用可持续采矿的金属有助于降低对自然资源的影响，符合当代社会的环保价值观。

设计师和工匠之间的深度合作至关重要。通过共同研究不同材料的特性，设计师和工匠能够共同决定最佳的材料组合，以实现设计理念并确保珠宝的实用性。这种紧密的合作促使双方共同进步，创造出更为卓越的珠宝作品。对材料的选择与了解是珠宝设计与制作中的智慧。通过深入了解宝石和金属的特性，设计师和工匠能够共同选择最适合的材料，创造出外观精美、结构稳固的珠宝作品。这种智慧是珠宝行业不断创新与发展的基石。

六、质量控制与细节处理

在珠宝的制作过程中，质量控制和对细节的极致处理是确保珠宝作品卓越的基石。工匠需要在每一个环节都保持高标准，通过严格的质检程序和对细微之处的精雕细琢，确保最终的珠宝作品既具有令人惊叹的美感，又符合高品质的标准。金属铸造是珠宝制作的基础步骤之一。在这一阶段，工匠需要确保选用的金属质地纯正，无任何瑕疵。通过精密的测量和质检，排除任何可能影响制作的金属缺陷，以保证整体的均匀性和质量。

在宝石切割阶段，工匠需要运用高度精密的切割工具，确保每颗宝石都按照设计要求进行切割。这不仅关乎宝石的外观美感，更影响其在光线下的反射效果。在镶嵌过程中，工匠必须保证每颗宝石被安全、稳固地嵌入金属底座，以防止在使用过程中的脱落。手工雕刻和雕琢是表达珠宝独特艺术感的关键步骤，工匠需要借助专业的雕刻工具，将图案和细节雕琢到金属表面或宝石上。这一过程需要极大的耐心和极高的技艺，以确保每一处雕刻都精准细致，呈现出高度的艺术价值。

抛光是使珠宝表面光洁亮丽的关键步骤，工匠运用不同颗粒度的抛光工具，对珠宝进行精细打磨，确保表面平整且具有令人惊叹的光泽。在这一过程中，对光影效果的把控尤为重要，以展现珠宝的华丽质感。质量控制不仅是制作过程的一部分，更贯穿于整个生产周期中。定期的质检流程能够及时发现潜在问题，确保每一件珠宝作品都符合高标准。

珠宝工匠在质量控制和细节处理中匠心独运。他们不仅是技艺的传承者，更是每一件珠宝作品的守护者。通过对金属、宝石和工艺的精细处理，工匠们确保每一件珠宝都达到卓越的质量水平，展现了珠宝制作领域的匠人精神。密切合作的设计师和工匠，共同推动着珠宝设计的进步，为市场呈现出更加多元化、丰富而有深度的珠宝作品。他们的协同工作既保留了传统的工艺美学，又不断迎接新潮流、新材料和新理念，使得珠宝艺术在不断创新中焕发出独特的魅力。

第六章
珠宝市场与收藏

　　珠宝市场，如同璀璨的星空，闪烁着无限可能。本章将引领您深入了解珠宝市场的现状与趋势，我们将一同探讨珠宝拍卖与估价，揭秘珠宝所蕴含的投资价值。更进一步，我们将探讨珠宝收藏的方法与策略，带您领略如何在这个充满激情的领域发现独特的珠宝精品。

第一节　珠宝市场的现状与趋势

一、珠宝市场的动态

　　珠宝市场在过去几年里呈现出明显的多元化发展趋势。传统的黄金和钻石仍然是市场的支柱，但其他品类也逐渐受到青睐。有色宝石，如蓝宝石、红宝石、翡翠等，因其独特的色彩和稀缺性逐渐成为投资和收藏的热门选择。同时，个性化定制珠宝作为一种独特的消费趋势，受到年轻一代的追捧，推动了市场的创新。传统的珠宝市场如欧美地区依然繁荣，但在新兴市场中，尤其是亚洲地区，表现出强劲的增长势头。中国、印度等国家的崛起和中产阶级的扩大为珠宝市场提供了巨大的机遇。消费者对珠宝的需求不断增长，推动了市场规模的扩大和品类的丰富。

为了迎合年轻一代的消费者，传统珠宝品牌纷纷进行品牌创新和数字化转型。通过社交媒体平台和电商渠道，品牌与消费者之间的互动更加频繁。一些品牌还利用虚拟现实技术和增强现实技术（AR）提供在线试戴和定制体验，为消费者创造更为沉浸式的购物体验。随着社会对可持续发展的日益关注，珠宝行业也积极响应环保的呼声。一些品牌开始关注材料的可持续性，选择使用再生金属和经过认证的宝石。可持续发展成为品牌的一种社会责任体现，也吸引了越来越多注重环保的消费者。

随着电子商务的崛起，珠宝市场也在不断探索线上销售和线下体验的融合模式。一些品牌通过线上平台进行销售，同时在线下建立精品店，提供更为私密、豪华的购物环境。这种线上线下结合的销售模式更好地满足了不同消费者的购物习惯和需求。随着社会结构和消费观念的变化，消费者对于珠宝的需求也发生了转变，消费者不再仅仅追求品牌和材质，更注重设计的独特性、故事背后的文化内涵以及个性化的表达。品牌在满足消费者物质需求的同时，需要更深入地挖掘情感共鸣和文化共鸣[①]。

随着珠宝市场的扩大，品牌竞争也变得日益激烈。品牌差异化成为品牌竞争的重要策略。一些品牌通过与知名设计师的合作、独特的设计风格、特殊的材质选择等方面突出自己，塑造独特的品牌形象，吸引更多消费者的目光。珠宝市场的未来充满了机遇和挑战。随着科技的不断发展，新材料、新工艺将为珠宝设计带来更多的可能性。消费者对于个性化和可持续发展的追求将引导市场朝着更为多元、创新和环保的方向发展。在这个变革的时代，珠宝行业将继续适应市场需求，创造更为璀璨的未来。

二、消费者需求与设计趋势

随着社会变革，消费者对珠宝的需求逐渐从追求传统的奢侈品向追求个

---

① 方栋巷.珠宝市场有什么新趋势［J］.理财周刊，2021（7）.

性化方向发展。越来越多的消费者追求独特的、专属于自己的首饰，这推动了个性化与定制化的兴起。设计师通过深入了解客户的品位、爱好和人生故事，打造符合他们个性的珠宝，从而为消费者提供了独特的购物体验。消费者购买珠宝不再仅仅因为其贵重，更在于其背后的情感共鸣和文化内涵。品牌通过挖掘珠宝设计的故事、传统文化元素或设计师的灵感来源，创造出更具深度和内涵的作品，与消费者之间建立情感联系，使珠宝不仅是一种装饰品，更是一种情感的表达。

环保和可持续性已经成为消费者选择珠宝品牌时的关键考量因素。越来越多的消费者关心宝石的开采方式、金属的来源以及品牌对环境的影响。一些珠宝品牌积极响应消费者的关注点，选择使用再生金属，支持可持续采矿，并关注减少环境负担的创新工艺，满足消费者对绿色和可持续产品的需求。全球化和文化交流使得多元文化元素融入了珠宝设计。设计师从世界各地汲取灵感，创作出融合不同文化的作品。这种多元文化的融合不仅在设计的图案和造型上得以体现，还在材料的选择和设计理念上得以呈现，使得珠宝更具包容性和国际性。

消费者对品牌的社会责任产生越来越强烈的关注，他们更愿意选择那些在生产过程中关注员工福利、采用环保材料、支持社区发展的品牌。珠宝品牌通过透明的供应链、参与社会责任项目等方式展示对社会和环境的责任，赢得了消费者的信赖。随着科技的发展，数字化购物体验成为吸引年轻一代消费者的重要因素。虚拟试戴技术、在线定制工具和社交媒体平台上的互动，为消费者提供了更便捷、个性化的购物体验。消费者可以通过虚拟现实技术在线试戴首饰，甚至参与到设计的过程中，增加了购物的乐趣和参与感。

越来越多的消费者关注设计师品牌，追求独特、富有创意的设计。设计师品牌除了代表着设计风格，更体现了设计师个人的理念和审美追求。一些独立设计师通过与珠宝品牌合作或自主创立品牌，成功吸引了一群对创新设计有需求的消费者。随着对珠宝的认知提升，一些消费者开始将珠宝视为一种投资，稀有的宝石、独特设计的珠宝作品，成为投资领域的新宠。品牌通过强调珠宝的独特性、品质和历史价值，吸引了众多愿意将其作为财富传承的消费者。

随着社会的不断发展，消费者对珠宝的需求将继续呈现多样化。珠宝品牌需要不断创新，满足消费者对个性、情感、绿色和数字化体验的追求。未来的趋势可能包括更多数字化技术的运用、更广泛的可持续发展实践以及与时尚、艺术等领域的深度融合。在这个充满活力和变革的时代，珠宝市场将继续为消费者呈现更为多元的选择。

三、市场竞争格局

在全球珠宝市场上，传统珠宝品牌一直占据主导地位。这些珠宝品牌通常拥有悠久的历史和卓越的工艺传统，以其高品质的珠宝和精湛的工艺吸引着全球消费者。然而，随着市场需求的变化，这些珠宝品牌也面临着不断变化的竞争压力，需要不断创新以保持市场份额。近年来，一些新兴设计师和小众品牌通过独特的设计和精准的客户定位成功崭露头角。这些品牌通常更灵活，敢于尝试新的设计理念和材料，吸引着年轻一代消费者。他们通过社交媒体等渠道积极推广，与消费者建立更直接、更亲密的联系。

随着电子商务的兴起，珠宝市场也经历了巨大的变革。越来越多的消费者选择在线上购买珠宝，电商平台成为珠宝品牌拓展市场的重要途径。同时，传统实体店也通过线上渠道扩大销售，实现线上线下的融合。这种多元化的销售渠道为消费者提供更加便捷的购物体验，也促使珠宝品牌在数字化营销和客户服务上不断创新。在激烈的市场竞争中，珠宝品牌建设成为决定品牌成功与否的关键因素之一。消费者对品牌的认知、信任和情感连接直接影响其购买决策。因此，珠宝品牌需要通过清晰的品牌定位、独特的品牌故事以及积极参与社会活动来巩固品牌形象，吸引消费者和保持消费者的忠诚度。

在激烈的市场竞争中，产品创新和工艺提升是珠宝品牌保持竞争力的重要手段。引入新颖的设计理念、采用独特的材料、运用先进的工艺技术，都能够吸引消费者的目光。一些珠宝品牌还通过与知名设计师合作、推出限量版系列等方式，提升产品的附加值。社交媒体已经成为扩大珠宝品牌影响力和提高珠宝品牌知名度的重要平台。通过在社交媒体上展示产品、分享品牌故事，以及与消费者进行互动，珠宝品牌能够建立更亲近、更有趣的形象。社交媒体还为消费者提供了获取更多珠宝信息和购买方式的途径。

随着市场需求的变化，灵活的定价策略对品牌至关重要。一些珠宝品牌通过推出不同价位的产品线，满足了不同层次消费者的需求。把握市场价格敏感度，灵活调整定价，既能保证本品牌在高端市场的形象，又能在中低端市场争取更多份额。由于经济全球化的发展，品牌的国际化布局变得越来越重要。珠宝品牌需要更好地理解不同国家和地区的文化差异，调整产品和营销策略，以适应全球市场的多样性。同时，积极参与国际性的展会和活动，加强本品牌在国际市场的曝光度。

由于珠宝行业的特殊性，行业监管对珠宝品牌合规性提出了更高的要求。珠宝品牌需要遵循宝石和金属的采矿标准，确保产品的真实性和质量，以及符合各国的法律和法规。合规性不仅是珠宝品牌维护形象的关键，也是赢得消费者信任的关键。在这个竞争激烈、变化迅速的市场环境中，珠宝品牌需要保持敏锐的市场洞察力，不断创新，灵活应对市场变化，以赢得消费者的喜爱和市场份额。

第二节　珠宝拍卖与估价

一、珠宝拍卖市场

珠宝拍卖市场作为珠宝交易的一个重要平台，扮演着展示珠宝稀有性、独特品质的角色。珠宝拍卖行在全球范围内占有举足轻重的地位。著名的拍卖行经常举办专场的珠宝拍卖，吸引了来自世界各地的收藏家、投资者和珠宝爱好者。这些拍卖行通过其专业的评估和推介，为市场上优秀珠宝的流通提供了平台。珠宝拍卖市场上的拍品种类繁多，涵盖了各种宝石和首饰，包括但不限于钻石、蓝宝石、红宝石、祖母绿等各种有色宝石。此外，还有历史悠久的古董珠宝、名人收藏品以及一些设计独特的当代珠宝作品。这些珠宝以其独特性、历史价值或者艺术价值而备受关注。

珠宝拍卖通常采用竞价的方式进行。在拍卖现场或在线平台上，有意向购买的买家可以通过不断提高报价来竞拍拍品。竞拍过程中，价格会逐渐上升，直至最终确定最高报价者。这种竞价机制保证了市场对拍品价值的公正评估，也为卖家获取最佳价格提供了机会。在珠宝拍卖之前，拍卖行会对拍品进行详细的评估，包括宝石的质量、重量、切割工艺，以及首饰的工艺制作等方面。这些评估结果将影响拍品的估价和市场反应。同时，拍品通常附带宝石鉴定证书和珠宝品质保证书，确保买家能够清晰了解拍品的真实价值。

珠宝拍卖的成交价格常常是市场上宝石和首饰价值的一个重要参考。成功的拍卖记录通常为拍品赋予了收藏价值，也使其成为投资者关注的焦点。

高成交价往往意味着该珠宝的市场认可度和投资潜力较高。珠宝拍卖市场的表现常常反映了珠宝市场的整体趋势。成交价格的涨跌、不同种类宝石的热度和受欢迎程度等因素都能够为业内人士提供有关市场动向的信息。因此，珠宝拍卖市场的表现被广泛视为珠宝行业发展趋势的一个重要参考。

总体而言，珠宝拍卖不仅是一场商业活动，更是珠宝品质、历史价值和艺术价值的展示平台。拍卖行通过其专业的服务和市场影响力，推动着珠宝市场的发展和升级。

二、珠宝估价的方法

在珠宝估价领域，传统的估价方法注重宝石和金属等多个因素的准确评估。其中，宝石的 4C 标准（切割、颜色、净度、重量）评估和金属的纯度评估是关键的考量因素，设计师或品牌的影响力也是不可忽视的因素。切割是指宝石的切面和切割工艺，良好的切割能够使光线更好地在宝石内部反射，从而提高宝石的闪耀度。工匠的技艺和切割的精准度直接关系到宝石的美观和光学表现。对于有色宝石，颜色的评估通常按照一定的等级进行。例如，在钻石中，无色是最高评价，而在其他宝石中，鲜艳而均匀的颜色往往更有价值。颜色的评估需要考虑宝石的色调、饱和度和色调的均匀性。净度反映了宝石内部的瑕疵和杂质情况。几乎所有宝石都会有一些瑕疵，但优质的宝石瑕疵微小，难以察觉。评估宝石的净度需要仔细观察其中的内含物和裂纹，这直接关系到宝石的透明度和光学表现。克拉是宝石的重量单位，1 克拉等于 0.2 克。一般来说，同等条件下，宝石的克拉数越大，其价值越高。克拉数的评估涉及宝石的实际重量和大小，常常与其他因素相互影响。对于金属首饰，其纯度是影响估价的关键因素。黄金通常以千分比表示纯度，例如，24K 黄金是纯金，而 18K 黄金则是含有其他金属的合金。纯金的首饰更为珍贵，合金常常用于提高首饰的硬度和耐久性。

设计师或品牌的声誉和影响力对于珠宝的估价具有重要参考作用。一些知名设计师或品牌的珠宝作品，往往因其独特性和稀缺性而具有更高的市场价值。购买者愿意为知名品牌或设计师的作品支付额外的溢价，这也使得品牌影响成为估价的一个重要维度。传统的估价方法结合了这些要素，为买卖双方提供了相对客观和全面的估价依据。在实际操作中，珠宝专业人员会根据这些因素权衡得出一个相对准确的估价结论，确保公正交易和买卖双方了解珠宝的真实价值。

在珠宝估价领域，先进技术的应用为传统的估价方法带来了全新的视角和更为精准的手段。其中，三维扫描技术和人工智能辅助估价是两个备受瞩目的发展方向。近年来，三维扫描技术在珠宝估价中得到了广泛应用，通过高精度的三维扫描，能够更全面地呈现宝石的形态、切割工艺等细节，从而提高了对宝石特征的准确认识。三维扫描技术的工作原理是通过激光或其他传感器获取珠宝表面的几何信息，然后通过计算机处理生成宝石的三维模型。这种模型可以在不同角度、放大倍数下查看，使得珠宝专业人员能够更全面地审查和评估珠宝的外观特征。这对于检测瑕疵、评估切割工艺的精细度以及判定珠宝整体美学效果都具有重要的作用。

随着人工智能技术的不断发展，其在珠宝估价中的应用日益成熟。人工智能通过机器学习算法，根据大量的市场数据和历史交易记录，更准确地估算宝石的市场价值。这种算法不仅可以提高估价的准确性，还能够综合考虑多个因素，为买卖双方提供更为客观和公正的估价依据。机器学习算法能够分析市场趋势、宝石品种、切割工艺等多方面的信息，从而更全面地理解宝石的实际价值。这种数据驱动的估价方法相较于传统的经验主义更为客观，减少了主观因素对估价的影响。

人工智能辅助估价还能够在短时间内处理大量数据，提高估价的效率。这在市场上宝石品种繁多、交易频繁的情况下尤为重要，为快速而准确的决策提供了支持。先进技术的应用为珠宝估价带来了更为全面、直观和精准的评估手段，为买卖双方提供了更为可靠的决策支持。在实际操作中，珠宝专业人员往往会综合运用传统方法和先进技术，综合考虑切割、颜色、净度、重量等宝石特征，结合金属的纯度和设计师或品牌的影响力，再辅以三维扫描技术和人工智能的结果，得出一个相对全面的估价结论。珠宝估价的精准性和公正性对于买卖双方都至关重要。无论是传统的经验还是现代的科技手段，都为珠宝估价提供了更为丰富和准确的手段。

第三节　珠宝的投资价值

一、传统投资与新兴市场

黄金作为一种传统的安全避险资产，长期以来一直受到投资者的追捧。其在市场不确定性和通货膨胀压力下的抗风险能力，使其成为投资组合的重要部分。投资者常常将投资黄金视为一种保值手段，用以对冲其他资产的波动。钻石因其天然稀缺性和独特美学而备受推崇。大型、罕见的钻石常常成为投资者收藏的焦点，其独特的硬度和色彩也为其增添了稀有和珍贵的属性，吸引了追求独特投资标的的投资者。以黄金和钻石为主的传统投资市场逐渐受到有色宝石的冲击，蓝宝石、红宝石、翡翠等有色宝石因其独特的色彩和稀缺性备受关注。投资者逐渐意识到有色宝石在投资组合中的多元化作用，成为追求独特投资机会的选择。

艺术珠宝，尤其是由知名设计师或艺术家创作的作品，逐渐成为投资者关注的焦点。其独特的设计、艺术价值和限量发行使得其在市场上具备较高的升值潜力。投资者通过艺术珠宝参与到艺术品市场，获得了更多的文化和审美满足。投资者逐渐认识到，在选择珠宝进行投资时，将不同种类的宝石和珠宝品种组合起来，形成多元化投资组合，可以有效分散风险。这种策略旨在平衡各种宝石和珠宝品种的表现，降低单一投资标的带来的风险。投资者需要对珠宝市场趋势保持敏感，及时了解各类宝石和珠宝品种的市场表现。了解市场供需关系、新兴宝石的发现和推广等因素，有助于投资者做出明智的决策，捕捉到市场变化中的投资机会[①]。

投资者在选择宝石进行投资时，需要了解宝石的品质和来源。不同品质和来源的宝石具有不同的投资潜力和升值空间。了解宝石的产地、切割工艺、品质认证等信息，有助于投资者做出更为明智的选择。新兴市场的崛起意味着投资者需要更多的专业知识来理解和评估不同珠宝品种。对于有色宝石、艺术珠宝等相对较新的投资领域，投资者需要深入了解它们的特性、市场规律等。

新兴市场可能伴随着更高的风险，特别是对于那些相对不稳定的宝石品种。投资者需要制定科学的风险管理策略，谨慎评估投资标的的潜在风险，并采取相应的风险控制措施。新兴市场的透明度相对较低，市场信息可能不够完善，投资者需要提高对市场信息的敏感性，关注行业动态、市场变化，以便更好地做出投资决策。

总体而言，传统的黄金和钻石投资仍然具有广泛吸引力，新兴市场的崛起为投资者提供了更多样化的选择。投资者在制定珠宝投资策略时，需要充分了解不同宝石和珠宝品种的特性，审慎评估风险和机遇，构建更为多元化和均衡的投资组合。

二、珠宝投资的风险与收益

珠宝作为一种独特的实物资产，吸引了众多投资者的关注。然而，与任何投资一样，珠宝投资也伴随着一系列风险和潜在的收益。深入了解这些风险和收益对于投资者做出明智的决策至关重要。珠宝市场受到多种因素的影响，包括经济状况、政治稳定性和全球供需关系。这些因素的波动可能导致市场价格的不稳定，从而对投资者的回报产生负面影响。在经济不景气的时期，奢侈品市场受到的冲击往往最大。珠宝作为奢侈品的一部分，可能面临

---

① 方栋巷.珠宝市场有什么新趋势［J］.理财周刊，2021（7）.

销售数量下滑和价格下跌的风险。投资者需要注意宏观经济环境的变化，以便更好地预测市场走势。

珠宝的价值往往与流行趋势紧密相连。某些宝石的设计风格可能因为时代变迁而失去了市场青睐，影响其投资潜力。投资者需要时刻关注市场的审美变化，避免在流行性方面过度集中投资。宝石的品质认证和来源是投资者需要考虑的关键因素。不合格的品质认证或无法追溯来源的宝石可能导致投资品的价值受损。投资者需要确保所购买的珠宝经过权威机构的认证，并了解其具体的采购渠道。珠宝的保存和保管需要格外谨慎。安全防范措施不当可能导致宝石丢失或损坏，直接影响投资的实际回报。投资者需要考虑选择安全可靠的保管方式，并购买相应的保险以规避潜在的损失风险。

由于天然的稀缺性，某些罕见的宝石如红宝石、蓝宝石等更具升值潜力。投资者选择稀缺的宝石，有可能在未来受益于其市场稀缺性的提高。传统的投资品种，如黄金和钻石，因其在市场中的历史地位而被广泛认可，通常表现出相对稳定的回报。这些宝石在市场上有着较高的流动性和认可度，为投资者提供了相对安全的选择。艺术珠宝，特别是由知名设计师或艺术家创作的作品，因其独特设计和限量发行，具备较高的升值潜力。这类珠宝往往在二级市场上更容易取得高价。随着消费者对个性化和定制化的追求，个性化定制的珠宝逐渐成为市场热点，具有独特设计和个性化元素的珠宝在市场上可能更受欢迎，为投资者创造更丰厚的回报。

在进行珠宝投资时，投资者应当考虑构建多元化的投资组合，包括不同种类的宝石和设计风格。这样可以有效分散风险，降低单一投资标的带来的波动性。投资者需要保持对市场的敏感性，关注行业动态、市场变化和新兴趋势。了解市场趋势有助于投资者做出明智的决策，捕捉到投资机会。珠宝市场和投资环境都可能发生变化，因此投资者需要定期评估其投资组合的表现，调整投资策略，确保投资组合始终与市场保持同步。为规避风险，投资者在购买珠宝时应选择经过权威品质认证和来源可追溯的宝石，这有助于确保投资的品质和真实性。

综上，珠宝投资既带有一定的风险，同时也蕴含着丰厚的收益机会。投资者在进行珠宝投资时应当全面考虑市场因素、品质认证和自身风险承受能力，制定科学的投资策略，以实现长期的稳健回报。

第四节　珠宝收藏的方法与策略

一、珠宝收藏的策略

珠宝收藏是一门精妙而复杂的艺术，涉及对宝石品质、设计艺术和市场趋势的深入理解。成功的珠宝收藏需要采取一系列的专业策略，以确保收藏的珠宝不仅在审美上令人满意，同时具备较高的升值潜力。珠宝收藏者首先需要对各类宝石的品质、来源和市场行情有深入的了解，包括了解宝石的切割、颜色、净度、重量、产地等因素。深入了解宝石学知识可以帮助收藏者鉴别珠宝的真伪，评估其品质，确保投资的可靠性和升值潜力[1]。著名设计师和品牌的珠宝作品通常具有独特的设计风格和卓越的工艺水平，因此更容易在市场上得到认可。收藏者应当关注这些设计师和品牌的最新作品，了解其设计理念、创作历程以及市场表现，选择那些具有独创性和历史价值的作品收藏，以便在未来取得更好的投资回报。

珠宝市场常常受到各种因素的影响，包括经济状况、政治事件、文化发展趋势等。因此，及时了解市场动态对于珠宝收藏者至关重要。市场动态包括市场价格的波动、宝石产地的变化、市场热点和趋势等[2]。通过定期研究市场报告和参与相关行业活动，珠宝收藏者能够更好地把握市场脉搏，做出明

① 方栋巷.珠宝市场有什么新趋势［J］.理财周刊，2021（7）.
② 马扬威.珠宝玉石选购与收藏［M］.北京：中国标准出版社，2021.

智的收藏决策。拍卖会是珠宝收藏者获取稀有宝石等艺术品的重要途径，在拍卖会上，一些设计独特、历史悠久的珠宝作品往往会成为竞拍焦点。通过积极参与拍卖，珠宝收藏者有机会获取到独特的藏品，并通过竞拍方式确定市场价格。此外，拍卖会也提供了展示收藏品和认识其他珠宝收藏者的平台，有助于扩展珠宝收藏者的人际网络。

成功的珠宝收藏者往往拥有多样化的投资组合，不仅要关注高品质的宝石，还要考虑搭配不同设计风格的首饰，包括项链、戒指、耳环等。这样的多样性有助于降低投资风险，使整个收藏组合更具稳健性。对于高净值的收藏者来说，建立一个专业的支持团队是非常重要的。团队成员包括宝石学专家、珠宝鉴定师、投资顾问等。这些专业人士可以为珠宝收藏者提供专业的建议和鉴定服务，确保其在收藏过程中能够做出明智的决策。通过采取上述策略，珠宝收藏者可以更加理性和专业地进行珠宝投资，最大限度地保值增值。

二、珠宝的保养与管理

珠宝的保养是保持其品质和价值的重要环节，尤其对于收藏品而言，良好的保养能够延长珠宝的使用寿命，确保其在收藏市场中保持良好状态。以下是珠宝保养与管理的详细介绍：

珠宝在佩戴和展示的过程中容易受到灰尘、油脂和其他污染物的影响，因此需要定期进行清洁。对于一般佩戴的珠宝，可以使用温和的肥皂水和软刷进行清洁，然后用清水冲洗并擦干。对于更复杂的设计或含有宝石的珠宝，建议寻求专业的清洁服务，确保珠宝的每个部分都得到适当的清理。同时，定期检查珠宝的结构和所有的宝石是否牢固，任何松动的宝石、变形或者金属表面的损坏都应该及时修复，以免进一步恶化。

为了确保珠宝长期保持良好的状态，珠宝收藏者可以寻求专业服务机构的保养服务。这些服务机构通常提供定制的保养方案，根据珠宝的材质、设计和特殊需求进行精心保养，具体包括定期的清洁、抛光、表面处理等服务，以确保珠宝始终保持光彩。对于不经常佩戴的珠宝，正确地保存和展示也是非常关键的。珠宝盒、防尘袋和展示柜都是有效的保护手段。对于一些特殊材质或设计复杂的珠宝，应该避免与其他首饰摩擦或受到挤压，以免造成损坏。不同的珠宝材质有不同的保养需求。例如，黄金、白金等贵金属相对较为耐用，但仍需定期抛光以保持光泽；宝石则需要更为细致的保养，避免接触化学物质和硬物，以免刮伤或破损。

对于收藏的高价值的珠宝，购买珠宝保险是一个明智的选择。珠宝保险可以在发生意外或丢失的情况下为珠宝收藏者提供适当的补偿。此外，收藏者还应该确保珠宝的储存地点具备足够的安全措施，避免珠宝被盗或损坏。珠宝管理培训课程为珠宝收藏者提供更多的专业知识，使其能够更好地了解如何管理和保养自己收藏的珠宝。这些课程通常涵盖了从珠宝品质鉴定到保养技巧的全方位内容，为珠宝收藏者提供全面的管理指南。通过以上保养与管理措施，珠宝的收藏者可以更加安心地珍藏他们收藏的珠宝，保持珠宝的独特魅力和升值潜力。

三、珠宝的展示与传承

珠宝收藏的真正价值不仅在于其独特的艺术和历史意义，还在于通过展示和传承使其充分发挥文化和情感价值。在这一过程中，合理的规划和设计能够为珠宝收藏增色不少。珠宝的展示需要一个精心设计的空间，确保其安全、美观地呈现给观众。这个空间可以是家中的专门展柜，也可以是专业的展览场馆。在设计中，需要考虑光照、防尘、防潮等因素，以维护珠宝的品质。透明的展柜和合适的灯光设计有助于展示珠宝的细节和光彩。除了简单地陈列在展柜中，还可以考虑运用多样的展示手段，例如虚拟展览、珠宝品鉴会、主题展览等，以吸引更多观众和专业人士。这些形式可以让观众更全面地了解珠宝的历史、文化背景以及独特之处。

每一件收藏品都有其独特的文化故事，通过传递这些故事，可以使珠宝更具深度和内涵。可以考虑编制珠宝的传记，介绍其设计师、制作工艺以及背后的故事等，使收藏品更加生动有趣。这样的传递也有助于培养观众对珠宝的兴趣和理解。对于一些家族收藏品，可以考虑将其作为家族的文化传承。通过代代相传，不仅可以使家族成员更深入地了解家族历史，还能够为家族增添独特的文化底蕴。对于艺术家创作的珠宝作品，其传承也是对艺术传统的延续，需要有合理的计划和管理。可以考虑将收藏品开放给公众，通过公共展览和教育活动，推动对珠宝文化的普及和传承，这既有益于收藏品的保值升值，也能够为更多人提供欣赏和学习的机会。

综上，为了确保收藏品长期保存和传承，需要专业的保管和维护，定期的保养、定期的鉴定与评估，以及科学合理的储藏方式都是关键。专业的收藏管理机构或珠宝专业人士可以提供专业的建议和服务。通过恰当的展示和传承措施，珠宝收藏不仅可以成为私人的享受，更可以为社会、文化和家族传承作出贡献，使得这些珍贵的文化瑰宝得以传世。

综上，珠宝市场的现状与趋势、珠宝拍卖与估价、珠宝的投资价值以及珠宝收藏的方法与策略构成了一个多层次、多元化的体系。投资者和收藏家需要在深入了解市场和具备专业知识的基础上，结合个人兴趣和目标，制定科学合理的策略，以获取更好的投资回报和珠宝收藏的满足感。

第七章
珠宝与文化交流

　　珠宝是一门跨越时空的语言，串联着不同文化的精髓，亦如流动的艺术之泉。本章将引领您跨越文化的边界，深入探讨珠宝在跨文化交流中的卓越影响。我们将一同追溯珠宝在当代艺术中的璀璨表现，解析其与时尚、电影、音乐之间微妙而深厚的关系。展望未来，我们将勾勒出珠宝领域可能的发展与趋势。

第一节　珠宝的跨文化交流与影响

一、珠宝的文化符号与传承

　　珠宝作为一种独特的文化符号，承载着深厚的寓意和价值，其设计和制作在不同文化中形成了多样而独特的传统。通过跨文化交流，各地区的珠宝在设计和制作上相互影响，形成了独具特色的文化传统，如印度的宝石切割技术与中国的玉雕工艺等。不同文化中的珠宝往往承载着特定的寓意和象征。在印度文化中，黄金被视为繁荣和好运的象征，宝石代表着力量和神圣。中国古代的玉饰更多与身份地位、品德修养相联系，被赋予了吉祥、祈福的寓意。了解这些文化符号的寓意有助于更深刻地理解珠宝在特定文化中的地位和价值。

在历史的长河中，各个文化通过贸易、征战和外交等途径展开交流，珠宝作为奢侈品和贵重物品也成为文化交流的重要媒介。例如，印度的宝石切割技术在与其他亚洲文化（如中国和波斯）的交流中，逐渐融合形成了各具特色的珠宝设计。这种融合创新使得珠宝不再局限于表达单一的文化，而成为多元文化的产物。珠宝传承不仅是设计风格的传递，更是传统工艺的传承。在印度，宝石的切割和雕琢技术由工匠一代代传承下来，形成了独特的创作技艺。中国的玉雕工艺也在历史的积淀中传承发展，技艺精湛的玉雕师傅往往体现着家族传统和文化积淀。

随着全球化的发展，不同文化的设计风格在珠宝制作中相互渗透。这种跨文化的设计风格使得珠宝更具包容性和国际化特征，吸引了全球范围内不同文化背景下的消费者。珠宝在文化传承中扮演了重要的角色，它既是历史的见证者，又是文化的传承者。通过对珠宝的制作工艺、设计风格以及所蕴含的文化符号的深入研究，人们能够更好地理解一个文化的演变和发展过程。

在当代社会，全球性的文化交流使得珠宝设计更加开放。设计师们通过吸收来自不同文化的元素，创造出融合多元文化的作品，既传承了传统，又赋予了新的时代内涵。这种创新不仅是对传统的致敬，更是对未来的展望。

总体而言，珠宝作为文化符号在跨文化交流中发挥了不可替代的作用。其传承不仅仅是对工艺和设计的传承，更是对文化精神的传递，为人们提供了深厚的审美趣味和历史体验。

二、文化交流对珠宝设计的启发

全球化和文化交流为珠宝设计带来了前所未有的创作空间，设计师们通过吸纳不同文化的灵感，创造出融合传统和现代审美的作品。这种跨文化的设计启发了珠宝行业，使得珠宝作品更富有创新性和多样性。在全球化的浪潮下，东西方文化在珠宝设计中实现了富有创意的融合。设计师们不再局限于传统的设计框架，而是大胆地将东方的纹饰、符号与西方的现代设计理念相结合。例如，一些设计师将龙凤纹样和传统的欧洲切割工艺相结合，创造出独特而具有全球视野的珠宝作品。

文化交流使得传统元素在现代设计中得到演绎，传统的图腾、花鸟、神话等元素被赋予新的设计语言，融入当代审美之中。这种融合不仅使得传统文化得以传承，同时也使得设计更富有时代感，符合当代消费者的审美需求。文化交流带来了多元材质和工艺的结合，推动了珠宝设计的技术创新。传统的金银宝石工艺得以与现代先进技术相融合，创造出更为复杂且富有层次感的作品。例如，传统的手工雕刻技艺和先进的三维打印技术结合，使得珠宝作品不仅体现了传统的精湛工艺，同时展现了现代科技的创新。

文化交流拓宽了设计师的全球视野，使得他们能够更加敏锐地捕捉到不同文化之间的共通之处。这种全球化的设计趋势使得珠宝作品更具包容性，适应了不同地区、不同族群的审美需求。设计师们从世界各地汲取灵感，创造出跨越多元文化的作品，为行业注入了新的生机。文化交流不仅体现在图案和工艺上，更表现为文化故事的融入。每一件珠宝作品都可以讲述一个关于文化传承的故事，通过设计传达特定文化的价值观和历史底蕴。这种融入使得珠宝作品不仅是装饰品，更是文化的传承者。文化交流丰富了珠宝行业的创作语言，使得作品更具深度和多样性。这种融合既是对传统文化的致敬，也是对未来设计的激励，为珠宝设计带来了新的可能性和更广阔的前景。

第二节　珠宝在当代艺术中的表现

一、珠宝与当代艺术的融合

珠宝与当代艺术的融合不仅拓展了其表现形式，更使其在审美和创意上迎来了全新的可能性。传统上，珠宝主要被视为一种装饰品，其功能主要体现在美化佩戴者。然而，在与当代艺术的融合中，设计师更多地将珠宝视为一种艺术表达媒介，突破了其传统功能的边界，珠宝作品不再仅仅是贵金属和宝石的组合，更是一种情感、思想和文化的表达。

艺术珠宝作品往往涉及更加抽象和主观的主题，与当代艺术一样，强调观念和情感的表达。设计师通过珠宝的形状、结构和材质，传达他们对生活、自然或抽象概念的独特理解。这种抽象性赋予了珠宝更广泛的审美内涵，使得其不仅仅是装饰品，更是一种对世界的独特诠释。与传统珠宝不同，当代艺术珠宝常常采用创新的材质和工艺。设计师将金属、宝石与陶瓷、塑料、橡胶等非传统材料相结合，打破了传统材质的局限性。同时，先进的技术如三维打印、激光切割等广泛运用，为艺术珠宝的制作注入了更多可能性。在珠宝与当代艺术的融合中，艺术家与设计师之间的合作变得尤为重要。一些知名艺术家与珠宝设计师携手合作，将各自的创意融入珠宝的设计中。这种跨界合作不仅为艺术品赋予了新的生命，也为珠宝行业带来了更多前卫、独特的作品。

当代艺术珠宝的崛起也表现在其在艺术展览和市场上的认可度。越来越多的当代艺术馆和画廊开始展示艺术珠宝作品，其被纳入当代艺术的范畴。

这使得艺术珠宝更多地被视为艺术收藏品，而非传统珠宝市场上的商品。在珠宝与当代艺术的融合中，传统的黄金与宝石工艺逐渐与当代审美相交融，创造出了令人叹为观止的艺术珠宝。这一跨界的探索不仅使珠宝的功能不再局限于装饰，更将其提升为一种独立的艺术表达媒介。设计师通过对抽象主题的诠释、创新材质与工艺的运用，以及与艺术家的深度合作，塑造出了富有个性和深度的艺术珠宝作品，为这一古老而华丽的行业带来了新的生机。这一融合不仅是设计的颠覆，更是对传统的致敬，为艺术和珠宝创造了一次美妙的邂逅。

二、表达主题与情感的媒介

当代艺术珠宝作为一种媒介，成为艺术家表达主题和情感的独特方式。当代艺术珠宝的设计注重独特性，通过形状的创新来表达主题和情感。设计师不拘泥于传统的珠宝形态，而是运用抽象、非几何甚至离散的形状，以突显作品所要表达的主题。例如，一些艺术家通过不规则的线条和几何形状，传递对自由和多样性的追求。材料的选择在表达主题和情感方面发挥着至关重要的作用。艺术家常常使用非传统的材料，如陶瓷、橡胶、塑料等，通过这些特殊材质赋予作品独特的触感和情感。例如，采用天然材料可以传递出对自然和可持续性的关注，采用金属材质可能表达出坚韧和持久的情感。

当代技术的运用使得设计者能够更灵活地表达情感。计算机辅助设计和三维打印等技术使得珠宝的制作更为精细和复杂。通过这些技术，设计者可以更直观地实现他们的创意，表达出更为丰富和深刻的情感。当代艺术珠宝往往融入了设计者对社会、文化和个体的独特见解。珠宝作品不再仅仅是装饰品，更成为设计者对当下时代的回应和思考。通过珠宝，设计者可以探讨社会问题、表达对文化传统的理解，甚至是对人生、爱情等主题的深刻思考。

当代艺术珠宝作品通常富有情感共鸣，观众可以通过欣赏作品产生共鸣和情感连接。艺术家将情感内化到作品中，观众在欣赏作品时也能感受到这些情感，产生共通的体验。当代艺术珠宝作为表达主题与情感的媒介，超越了传统珠宝的功能性，成为一种艺术的延伸。通过独特的形状、特殊的材料和技术手法，艺术家在作品中传递着深层次的情感和主题，使得每一件珠宝作品都成为一个情感交流的媒介。

第三节　珠宝与时尚、电影、音乐的关系

一、珠宝与时尚的互动

珠宝与时尚的互动构建了一种独特的关系，相互影响，推动了两个领域的创新和发展。珠宝与时尚之间的密切合作在近年来变得愈加普遍。珠宝设计师经常与时尚品牌合作，将珠宝作品融入时装秀，使其成为时尚舞台上引人注目的一部分。这种合作不仅为珠宝赋予了时尚元素，也为时尚品牌注入了独特的珠宝艺术氛围。越来越多的时尚品牌将珠宝作为时装秀的重要配饰，使得整体造型更加丰富多彩。珠宝设计师通过与时尚品牌的合作，得以在国际舞台上展示他们的作品，将珠宝推向更广泛的受众面前。这种多领域的合作为珠宝注入了新的生命力，使其更具现代感和前卫性。

不仅时尚舞台可以展示珠宝作品，时尚元素也被广泛引入到传统的珠宝设计中。一些珠宝设计师融合了时尚趋势，采用时髦的设计元素，如流行的色彩、线条和图案，使得传统的珠宝更加富有活力和时尚感。这样的设计吸引了更年轻、注重潮流的消费者。时尚与珠宝的互动带来了创新的推动。珠宝设计师在时尚领域获得的灵感能够迅速转化为珠宝设计元素，从而推动传统珠宝行业的发展。同时，时尚产业对于珠宝的需求也促使了更多前卫而独特的设计出现。

珠宝与时尚的融合拓展了消费者的选择空间。消费者不再局限于传统的珠宝设计，现在可以在时尚领域找到更多个性化、独特的珠宝作品，这也为珠宝市场带来更广泛的受众。

综上，珠宝与时尚的互动不仅为设计师提供了更广阔的创作空间，也为传统的珠宝行业注入了新的活力。这种紧密的关系在设计、宣传和市场推广等方面实现了双赢，创造出更为丰富、时尚的珠宝文化。

二、珠宝在电影中的角色

珠宝在电影中不仅仅是物质的点缀，更是情节和人物性格的重要表达方式。在电影中，珠宝常常被用于点缀服饰，为角色增添奢华感。华丽的项链、华贵的戒指常常是女主角形象的重要组成部分。这种奢华不仅突显了角色的社会地位，也为观众呈现了电影中独特的美学风格。一些电影将珠宝融入情节发展中，赋予它特殊的寓意。例如，珠宝可能是一段爱情故事的见证者，也可能是影片中的关键道具，推动情节的发展。珠宝往往通过其独特的历史价值或神秘性质，为电影注入更多戏剧性和情感元素。

一些电影中的珠宝作品并非仅仅是服饰的点缀，它们背后往往有着丰富的故事。这些故事可能涉及珠宝的制作过程、传承背景，或者是它们曾经属于的历史人物，这为电影赋予了更深层次的文化内涵。一些电影因其经典的与珠宝相关的场景而脍炙人口，这些场景可能是珠宝被盗、失而复得，也可能是角色在珠宝店选购和展示珠宝。这些场景使得珠宝成为电影中不可或缺的元素，为观众提供了视觉上的盛宴。一些珠宝作品因其在电影中的独特角色而成为珍贵的收藏品。观众可能因为电影中的一枚戒指、一条项链而对其产生浓厚的兴趣，从而推动了珠宝作品在收藏市场上的价值。

综上，电影中的珠宝角色不仅是服饰的点缀，更是故事情节和角色性格的表达方式。通过对珠宝的运用，电影创造了视觉上的艺术享受，同时也使得观众对于珠宝的关注不再局限于其外观，更关注其所承载的文化和情感内涵。

三、珠宝与音乐的契合

珠宝与音乐的契合是两个独立艺术领域的交汇，在音乐会和颁奖礼等场合，艺人们往往选择佩戴璀璨的珠宝参加活动。这种视觉上的奢华感不仅为演出增色，同时也突显了艺人的品位和风格。珠宝成为音乐演出中引人注目的亮点，为整体表演注入了一份独特的艺术氛围。一些珠宝品牌选择与知名音乐人合作，共同推出独特的珠宝系列。这些系列通常会融合音乐元素，以艺人的个性和音乐风格为灵感来源，创造出与众不同的设计。这种合作不仅为珠宝品牌带来了新的灵感，也让音乐人在珠宝设计中有了更多的发挥空间。

一些著名的音乐人在追求音乐事业的同时，也涉足珠宝设计领域。他们通过推出个人珠宝系列，将自己对音乐的理解融入珠宝设计中。这种跨界的尝试为音乐人提供了一个表达个人品位和风格的平台，同时也为珠宝设计注入了更多的创新元素。音乐和珠宝都是时尚的代表，二者的契合常常在时尚元素上得以体现。音乐人的造型设计往往会将流行的珠宝趋势融入其中，反之，一些珠宝设计也受到时尚音乐的启发。这种共同的时尚元素使得音乐与珠宝在时尚领域形成了一种共振关系。音乐与珠宝的结合不仅是外在的奢华和时尚，更是艺术的交汇。音乐本身是一种艺术形式，珠宝则是实体艺术品，二者相结合，既强调了视觉的艺术感受，也将听觉与视觉的艺术元素融为一体。

综上，珠宝与音乐的契合展示了不同艺术领域之间的无限可能性。音乐为珠宝注入了动感和激情，珠宝则为音乐增色添彩。这种跨界合作不仅为音乐人和珠宝设计师带来了新的发展机遇，也为观众呈现了一场视听的盛宴。

第四节 未来的珠宝趋势与可能的发展

一、珠宝与科技的融合

珠宝与科技的融合开创了全新的设计形式，未来的珠宝设计将更加注重精密度和个性化，而三维打印技术的应用将成为实现这一目标的关键。设计师可以通过计算机辅助设计创建复杂的珠宝模型，然后使用三维打印技术将其精准制作出来。这种方法不仅提高了生产效率，还为设计师提供了更大的创作自由度，使得那些原本难以实现的设计变成可能。虚拟现实技术为珠宝设计带来了全新的体验维度。用户可以通过虚拟现实设备沉浸式地体验珠宝的设计和佩戴效果，仿佛置身于实际场景中。这不仅提高了用户对于珠宝选择的信心，还使得购物过程因互动而变得更加有趣。

在珠宝行业，区块链技术也被广泛应用。通过区块链，宝石的采购、制造和流通过程被完整记录下来，确保宝石的真实性和来源可追溯。这种透明度有助于消费者更加了解他们购买的珠宝。

生物科技的发展为可持续性珠宝设计提供了新的可能性。实验室研究并制造的宝石和仿制的珠宝原料使得传统的采矿行业面临着可持续性的挑战。这种科技驱动的方法既可以减少对自然资源的依赖，又可以生产出与天然宝石相媲美的产品。科技与珠宝的融合不仅是对技术手段的应用，更是对传统珠宝设计方式的革新。这一融合为未来珠宝行业带来了更多可能性，同时也推动了科技创新的发展。珠宝不再仅仅是一种装饰品，更是科技与艺术相结合的产物，为消费者呈现出全新的购物体验和佩戴体验。

二、珠宝的可持续发展

珠宝行业正在逐步向更加环保和可持续的方向发展，可持续发展的关键之一是减少对自然资源的过度依赖。在珠宝设计中，使用再生材料成为越来越流行的趋势。再生金属、再生宝石以及回收利用的钻石等材料成为设计师们的首选。这种做法不仅有助于减少对矿产的需求，还能有效降低对环境造成的负面影响。传统的矿石开采常常伴随着环境破坏等问题。为了改善这一状况，越来越多的珠宝品牌致力于推动绿色采矿，具体包括采用环保的采矿技术、关注采矿对生态系统的影响，并确保采矿过程对当地的尊重。这一做法有助于提高整个产业的可持续性水平。

公平贸易是确保珠宝从业者获得公正报酬的方式之一。一些珠宝品牌开始关注原材料的采购链，确保从矿工到工匠都能够得到合理的报酬。这有助于改善贫困地区的劳工状况，提高品牌社会责任感。在制造过程中采用环保工艺和技术也是可持续发展的关键。减少能源消耗、优化生产流程、降低废弃物产生都是环保设计的目标。一些珠宝品牌通过使用可再生能源、改进制造工艺，努力降低对环境造成的负面影响。

珠宝品牌通过教育消费者，使其更加了解可持续发展的重要性，起到了推动可持续发展的积极作用。越来越多的消费者在购买珠宝时选择支持环保和有社会责任感的珠宝品牌，这也促使更多珠宝品牌转向可持续发展。

综上，可持续发展已经成为珠宝行业不可忽视的趋势。通过采用再生材料、推动绿色采矿、倡导公平贸易以及环保设计与生产，珠宝行业正积极应对社会和环境的挑战。这不仅符合当代消费者对于品牌社会责任感的期待，也为珠宝业的可持续发展铺设了道路。

三、个性化定制的兴起

未来珠宝市场将进一步强调个性化定制，随着社会的不断发展，消费者对于独特、个性化的追求越来越强烈，个性化定制逐渐成为市场的主流趋势。在珠宝领域，这一趋势尤为明显。消费者不再满足于普通的首饰设计，他们希望拥有独一无二、彰显个性的珠宝作品。未来的珠宝设计师将更加关注客户的需求和品位，通过深入了解客户的个性、审美观和文化背景，为他们打造定制珠宝，使之更好地契合客户的独特品位。这种个性化的设计不仅提高了珠宝的艺术性，也增加了消费者的情感投入。

先进的技术在个性化定制中发挥着关键作用。计算机辅助设计和三维打印等技术使得设计师能够更灵活地实现客户的想法，客户也可以参与到设计的过程中，提出自己的建议和想法，从而共同创造出完美的、符合个性的珠宝作品。个性化定制的兴起将推动定制珠宝市场的进一步发展。越来越多的消费者愿意为独特的设计和个性化的服务买单，这为珠宝行业带来了更多的商机。珠宝品牌和设计师可以通过提供定制服务来吸引更多的客户，创造更多独特的珠宝艺术品。个性化定制使得珠宝行业更加灵活适应市场的变化。不同季节、不同文化、不同风格的需求都可以通过个性化定制得到满足。这种灵活性将使珠宝行业更富有创造力和市场竞争力。

综上，个性化定制的兴起不仅符合现代消费者对于独特性和个性的追求，也为珠宝行业带来了更大的发展机遇。通过深入了解客户需求，运用先进技术，创造独特设计，珠宝行业将迎来更加多元、个性化的未来。

四、文化多元与融合

未来，文化多元与融合将成为珠宝设计的重要方向，随着全球化的不断深化，各种文化元素得以更加自由地交流和传播。这种文化交流不仅包括传统的艺术、民俗，还包括生活方式、审美观念等。在这种大背景下，珠宝设计师将更容易获取来自不同文化的灵感，为珠宝设计注入更为多元化的元素。未来的珠宝设计将更加强调多元文化。珠宝设计师会深入挖掘世界各地的文化特色，将不同文化的符号、图案、色彩巧妙融入珠宝设计中。这样的设计不仅展现了全球文化的包容性，也使得珠宝作品更具独特性和艺术性。

珠宝设计师将积极创造融合多元文化的作品。例如，在设计中将东方传统的雕刻工艺与西方的现代主义审美相结合，或者在配饰中融入非洲、印度